DATA LINK LAYER

454134

1.302 ← 0.21485

高职高专"十三五"电子商务专业系列规划教材

PhotoShop CS6电子商务
图形图像处理实用教程

编 著 许霜梅

西安交通大学出版社
XI'AN JIAOTONG UNIVERSITY PRESS

国 家 一 级 出 版 社
全国百佳图书出版单位

内 容 提 要

本书具有如下特点：

（1）以软件功能和应用为主线。这样使读者可以系统地学习图形图像处理和PhotoShop CS6相关操作技能。

（2）内容结构清晰，理论与实践相辅相成。本书按软件的功能将内容划分到了前七个模块中，第八个模块主要是软件功能及相关知识在网页设计方面的综合应用。

（3）项目任务精挑细选，是知识和技能的实例化展现；案例多样，由易到难，适用面宽。

（4）项目任务有很强的针对性和实用性。项目任务的安排紧紧围绕着PhotoShop CS6的某些功能和应用领域。

（5）通过项目小结和练习题检查和强化学习内容。每个模块的项目后边都安排了项目小结环节，引导读者在学习完相关知识和做完项目任务之后，适时对所学理论知识和操作技能进行总结强化。

（6）提供完整的素材和适应教学要求的课件，很好地适应了教和学的需求。每个项目都提供有配套素材，读者可根据项目任务训练需要下载配套素材和课件。

本书适合作为高等职业技术院校、中等职业技术院校和计算机培训机构的专用教材，也可以供广大平面设计爱好者自学使用。

前 言
Foreword

Photoshop 是美国 Adobe 公司推出的一款功能十分强大的图像处理软件,从 1990 年 Photoshop 1.0 首次推出到 2013 年 6 月 Photoshop CC 的发布,经历一遍又一遍的优化,该软件被公认为全世界最优秀的图形图像处理软件,广泛应用于平面广告设计、艺术图形设计、数码照片处理、网页图像文件的设计与处理等。Photoshop CS6 是 2012 年 5 月发布的,它是 Photoshop 第 13 个版本,其功能也相当完善,目前被广泛使用,这是本教材基于该版本编写的一个主要原因,另一个重要原因是很多相关专业的技能竞赛平台也是采用该版本。

本书的特点如下:

(1)以软件功能和应用为主线。以软件功能为一条主线,使读者可以系统地学习图形图像处理和 Photoshop CS6 相关操作技能;以 Photoshop CS6 在电子商务图形图像处理等领域的应用为另一条主线,可以使读者感觉到学有所用,大大提高学习的主动性和积极性。

(2)内容结构清晰,理论与实践相辅相成。本书按软件的功能将内容划分到了前七个模块中,第八个模块主要是软件功能及相关知识在网页设计方面的综合应用。每一个模块即是软件的一个重要功能展现。本书将每个模块又划分为若个项目,每个项目即是一个学习单元,每个项目中精心设计了四个环节,即项目概述、相关知识、项目实施和项目小结。项目概述让读者明确本项目的学习任务,相关知识作为读者学习的理论指导,项目实施中的多个任务作为知识学习和技能训练的载体,各环节使得理论学习和操作实践相辅相成。

(3)项目任务精挑细选,是知识和技能的实例化展现;案例多样,由易到难,适用面宽。每个项目中都精选出 1～3 个任务,可以满足不同层次、不同领域的读者学习需要,不会出现没基础的读者做不出来,有基础、能力强的读者感觉没任务可做等情况。

(4)项目任务有很强的针对性和实用性。项目任务的安排紧紧围绕着 Photoshop CS6 的某些功能和应用领域,通过学习可达到两个目的:一是帮助读者了解掌握 Photoshop 的某些功能;二是紧密结合这些功能在电商图形图像处理及其他行业的应用,让其知道如何将这些功能应用到今后的工作生活中。

(5)通过项目小结和模块习题检查和强化学习内容。每个项目后边都安排了项目小结环节,引导读者在学习相关知识和做完项目任务之后适时对所学理论知识和操作技能进行总结强化,在每个模块后安排有习题(模块八除外),读者通过完成该环节检查自己对该部分内容掌握的情况,进行复习和攻固。

(6)提供完整的素材和适应教学要求的课件,很好地适应了教和学的需求。每个项目都提供有配套素材,读者可根据项目任务训练需要下载配套素材和课件。

本书可作为高等职业院校、中等职业院校和计算机培训机构的专用教材,也可以供广大平面设计爱好者自学使用。

本书在编著过程中,得到西安交通大学出版社领导、西安职业技术学院领导以及电子商务等行业企业领导和技术人员的大力支持,在此表示衷心的感谢。在编写理论知识、项目任务等内容方面,借鉴了同类教材和网络上的一些精品资源,在此对相关作者也表示衷心的感谢。

由于作者水平和时间有限,书中难免有不足和失误之处,敬请广大读者提出批评和建议,读者可将意见和建议发到邮箱 xu-shm@163.com,我将在最短时间内进行回复。

编者

2018 年 5 月

目 录
Contents

模块一 Photoshop CS6 图形图像 处理基础知识

模块导读

Photoshop 是由美国 Adobe 公司推出的一种功能十分强大的图像处理软件,从 1990 年 Photoshop 1.0 首次推出到 2013 年 6 月 Photoshop Creative Cloud(创意云,缩写为 CC)的发布,经历一遍又一遍的优化,该软件被公认为全世界最优秀的图形图像处理软件,广泛应用于平面广告设计、艺术图形设计、数码照片处理、网页图像文件的设计与处理等。

Photoshop CS6 是在 2012 年 5 月发布的,它是 Photoshop 第 13 个版本,其功能已经相当完善。本教材基于该版本来学习 Photoshop 基本操作、核心功能和图形图像处理基本技能。本模块学习该软件的安装和 Photoshop 文件的基本操作;同时,学习相关的图形图像处理理论知识。

学习目标

知识目标:

1. 熟悉 Photoshop CS6 的工作界面组成;

2. 了解 Photoshop CS6 文件的常规参数设置;

3. 了解图形图像处理相关的基础知识。

能力目标:

1. 了解安装 Photoshop CS6 的方法;

2. 掌握 Photoshop CS6 文件基本操作。

项目一 Photoshop CS6 的安装和运行

一、项目概述

1. 项目描述

该项目的主要学习内容为 Photoshop CS6 的界面组成和主要功能,Photoshop CS6 安装方法和基本操作等。

2. 学习目标

(1)掌握 Photoshop CS6 的安装、启动和退出方法;

(2)认识 Photoshop CS6 软件的窗口组成、功能和基本操作。

二、相关知识——认识 Photoshop CS6

1. Photoshop CS6 的工作界面组成

Photoshop CS6 的工作界面,其主要组成包括菜单栏、工具箱、工具属性栏、图像窗口和各种调板等,如图 1-1-1 所示。

图 1-1-1 Photoshop CS6 的工作界面

(1)菜单栏。

菜单栏中包括文件、编辑、图像、图层、文字、选择、滤镜、3D、视图、窗口和帮助 11 个主菜单,它们提供了处理图像的大部分操作命令。要执行某项功能,可首先单击相应的主菜单名打开一个下拉菜单,然后继续单击选择需要菜单项即可,如图 1-1-2 所示。

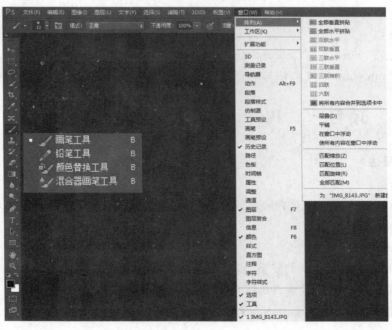

图 1-1-2 Photoshop CS6 的菜单栏和菜单命令、工具栏

（2）工具箱。

工具箱是 Photoshop CS6 中最重要的组成部分之一，其中包含了 40 多种工具，如图 1－1－2 所示。这些工具可分为选区工具、绘画工具、修饰工具、颜色设置工具及显示控制工具等几类，用户可以通过这些工具方便地编辑图像。

（3）工具属性栏。

当用户从工具箱中选择某个工具后，可在菜单栏下方的工具属性栏中查看和设置该工具的参数。选择菜单栏中的"窗口→选项"菜单，可显示或隐藏工具属性栏，图 1－1－3 所示为"椭圆选区"工具属性栏。

图 1－1－3　"椭圆选区"工具属性栏

（4）调板。

Photoshop CS6 为用户提供了多种调板，如导航器、颜色、图层、通道、路径和历史记录等调板，它们一般位于工作界面的右侧，主要功能是用来观察图像编辑信息，选择颜色，管理图层、通道、路径和历史记录等。

（5）"基本功能"按钮。

单击工具属性栏右侧的"基本功能"按钮 基本功能，从弹出下拉列表中选择相应的选项，可改变 Photoshop 工作界面的风格，如图 1－1－4 所示。

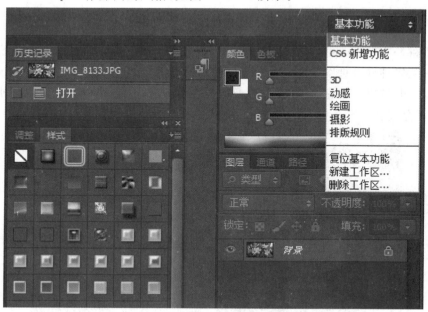

图 1－1－4　"基本功能"及工作界面风格

（6）工作区。

工作区主要用于显示和编辑图形图像文件。默认情况下，Photoshop 以选项卡的方式来组织被打开或新建的图像，每个图像都有自己的标签，上面显示了图像名称、显示比例、色彩模式和通道等信息，如图 1－1－5 所示。

图像标签　　　　　　　　　　　　　　图像标签栏

图 1-1-5　图像标签栏

（7）状态栏。

状态栏位于图片的最下方,主要用于显示图像处理的各种信息,有图像显示比例区和图像信息区。

（8）Bridge 或 Mini Bridge。

选择"文件→在 Bridge 中浏览"命令,可以打开如图 1-1-6 所示窗口,通过该窗口可以搜索、浏览、排序、管理和处理图像文件。也可以使用 Bridge 创建新文件夹,对文件进行重命名、移动和删除操作,编辑元数据,旋转图像以及运行批处理命令。还可以查看从数码相机导入的文件和数据的信息。

图 1-1-6　Bridge 浏览窗口

通过"文件→在 Mini Bridge 中浏览"可以打开 Mini Bridge 窗口,其功能与 Bridge 功能类似,Mini Bridge 是 Bridge 简易版。

(9)时间轴。

"时间轴"调板主要用来编辑影片,还可以制作 GIF 动画。

2. Photoshop 的功能

(1)建立选区。

Photoshop 提供了众多的选区制作工具和命令,利用它们可以选择图像的任意局部区域建立为选区,以便对这些区域进行单独调整。

(2)图像编辑。

图像编辑是 Photoshop 最基本的功能,包括移动、复制、删除、合并拷贝、自由变换图像、调整图像的大小与分辨率等。其中,绝大部分图像编辑命令都只对当前选区(或当前图层)有效。

(3)图像绘制与修饰。

Photoshop 提供了许多实用的绘画、修饰与修复工具,利用这些工具不仅可以绘制图像,还可以修饰或修复图像,从而制作出一些具有特殊艺术效果的图像或修复图像中的缺陷。如利用修复工具去除人物脸部的疤痕。

(4)图层。

图层是 Photoshop 中最为重要和常用的功能之一,用户可以将图像的不同部分放置在不同的图层上,进行单独的编辑处理,添加特殊效果和制作图像融合效果等。

(5)蒙版。

蒙版是一种遮盖图像的工具,它主要用于合成图像或创建选区等。

(6)色彩和色调调整。

Photoshop 提供了丰富的色彩模式和色调调整命令,利用它们可以轻松校正或改变图像的色调和色彩,从而使图像符合设计要求。

(7)文字。

利用 Photoshop 的文字功能可在图像中创建文字,以及设置文字的格式、对文字进行变形操作、沿路径或在图形内部放置文字,还可以将文字转换为路径或形状等,从而制作出各种特殊效果的文字,以增强图像的表现力。

(8)路径和形状。

利用 Photoshop 的形状与路径功能可以绘制各种矢量图形,如卡通画、商标等,还可以在图像中辅助创建选区。

(9)通道。

在 Photoshop 中,通道主要用于保存图像的颜色数据。在实际应用中,可对原色通道进行单独操作,从而制作出特殊的图像效果;还可以利用通道抠取图像区域、保存选区和辅助印刷。

(10)滤镜。

Photoshop 提供了许多滤镜,利用它们可以快速制作各种特殊的图像效果。

三、项目实施

1. 了解 Photoshop CS6 对计算机系统环境的要求

安装 Photoshop CS6 的系统配置要求为:Intel Pentium 4 或 AMD Athlon 64 处理器。Windows 操作系统要求是 Windows XP 或 Windows 7 及以上(注意:检查在 Windows XP 环

境下,3D 功能否使用)。1GB 的内存,1GB 可用硬盘空间用于安装。安装过程中需要额外的可用空间(无法安装在基于闪存的可移动存储设备上)。1024×768 屏幕(推荐 1280×800)分辨率,最好使用独立显卡。

2. **安装** Photoshop CS6

步骤 1:购买一张 Photoshop CS6 的安装光盘或者在网上下载软件,在目录中点击"Setup. exe"文件,运行安装程序,并开始初始化,如图 1-1-7 所示。

步骤 2:初始化完成后,显示"欢迎"对话框,选择"安装"选项,如图 1-1-8 所示。如果安装遇到一些问题,一般情况下都只需要单击"忽略"即可继续安装。

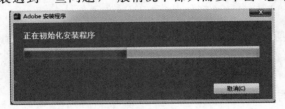

图 1-1-7 初始化安装   图 1-1-8 "欢迎"对话框

步骤 3:单击图 1-1-9 中"接受"按钮,然后输入序列号,出现如图 1-1-10 所示的"选项"对话框。

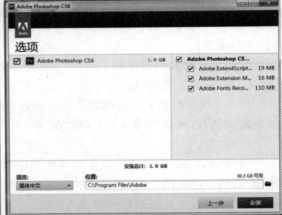

图 1-1-9 接受许可协议   图 1-1-10 安装选项设置

步骤 4:在"选项"对话框中选择要安装的内容及安装位置,在默认情况下,会自动安装在 C 盘的 Program Files 文件夹下,也可以根据自己资源管理习惯,单击"位置"文本框右侧的按钮更改安装的路径,再按"安装"按钮。

步骤 5:出现"安装"对话框后,观察安装进度条上的安装进度,等待一段时间,安装即可完成。

3. **操作** Photoshop CS6

(1)启动 Photoshop CS6 程序。

安装好 Photoshop CS6 程序后,可使用下面两种方法启动它。

方法一:选择"开始→所有程序→Adobe Photoshop CS6"菜单,打开如图 1-1-11 所示的 PS 程序窗口。

方法二:双击桌面的 Photoshop CS6 快捷方式图标也可启动程序。

图 1-1-11　Photoshop CS6 窗口

（2）熟悉和管理 Photoshop CS6 界面。

打开 Photoshop CS6 程序后，首先熟悉一下窗口组成，然后完成以下主要组成部分的操作任务。

①浏览主菜单。首先观察一下"文件""编辑""图像""图层""视图""窗口"等主菜单项中包含的菜单命令。

②工作区操作。打开几幅图像文件，进行工作区相关的操作：

a. 切换当前窗口。当同时打开多个窗口时，可单击图像标签栏上图像的标签切换当前窗口。

b. 同时查看多幅图像。可在菜单栏中选择"窗口→排列"命令。

c. 使图像窗口变为浮动。若要让一个图像窗口变为浮动，可通过拖动其标签离开标签栏即可；若要让所有图像窗口变为浮动，可选择"窗口→排列→使所有内容在窗口中浮动"命令，如图 1-1-12 所示。

d. 改变工作区背景颜色。拖动浮动窗口的某一边或对角线，图像四周会露出工作区背景颜色；若要改变背景颜色，可右击工作区空白处，从弹出的快捷菜单中选择需要的颜色。图 1-1-12所示为工作区背景颜色选择。

图 1-1-12　浮动窗口、工作区背景及选择菜单

③工具箱和工具属性栏操作。工具箱相关的操作包括移动、改变大小、显示/隐藏等,选择不同工具,同时注意观察工具属性栏的内容变化。

a. 工具箱的显示/隐藏。

如果界面上找不到工具箱时,可以通过选择菜单栏中的"窗口→工具"菜单命令,则"工具"前显示对勾"√",工具箱显示,否则,工具箱隐藏。

b. 调整大小和移动工具箱。

工具箱一般是紧贴在窗口的最左侧,根据需要可以调整它的大小或使其浮动在窗口的任何位置。点击工具箱左上角的双箭头按钮  ,可以在单列工具箱和双列工具箱间切换,按住工具箱上方的位置拖动,可以拖动工具箱使其浮动在其他位置。拖动工具箱到窗口边缘时,会出现一根蓝色的亮条,这时放手,工具箱就会紧贴窗口边缘。

c. 展开工具组。

大部分工具的右下方带有小三角符号按钮 ,表示该工具与其他功能相近的工具组成了一个工具组。在该工具上按鼠标左键停留片刻即可展开工具组,可从弹出的工具列表中选择其他工具,如图 1-1-13 所示。

④各调板操作。调板的操作如下:

a. 显示或隐藏板。

方法一:可在"窗口"菜单栏中选择相应的调板命令,如"窗口→图层"命令,则可显示或隐藏"图层"调板。

图 1-1-13　双排显示的工具箱、矩形工具组

方法二:按【Shift+Tab】键可以显示/隐藏调板。

b. 折叠和移动调板。

单击调板区右上方的"折叠为图标"按钮 ,可以把调板折叠为小图标,此时,原来的图标则变为"展开面板"按钮 ,单击可以重新展开面板。把光标移至面板拖动,可以移动面板。

按【Tab】键可以关闭工具箱和所有调板,再次按【Tab】键将重新显示工具箱和调板。

⑤调整 Photoshop CS6 主界面的颜色。默认情况下,主界面的颜色为不易让眼睛疲劳的黑色,但为了照顾不同用户的视觉习惯,Photoshop CS6 很人性化地设置了可供选择的界面颜色,用以下两种方法可调整颜色。

方法一:选择"编辑→首选项→界面",在"外观"选项中从灰到黑有四种选择。

方法二:用快捷键的方法。如需快速降低界面颜色可按【Shift+F1】组合键,要增加亮度可按【Shift+F2】组合键。

(3)退出 Photoshop CS6 程序。

当不需要使用 Photoshop CS6 时,可以采用以下几种方法退出程序。

方法一:直接单击程序窗口菜单栏右侧的"关闭"按钮 。

方法二:选择"文件→退出"菜单。

方法三:按【Ctrl+Q】或【Alt+F4】组合键。

四、项目小结

（1）Photoshop CS6 的工作界面的主要组成：菜单栏、工具箱、工具属性栏、图像窗口和各种调板等。

（2）工作界面各组成部分的操作：显示/隐藏、移动位置、改变大小等。

（3）相关快捷键。

项目二　Photoshop CS6 的文件操作

一、项目概述

1. 项目描述

该项目学习的主要内容为图形图像的基础知识和 Photoshop CS6 的文件操作。

2. 学习目标

（1）掌握图形图像处理基础知识，了解位图和矢量图、颜色模型及文件的存储格式等；

（2）掌握文件基本操作，能运用所学知识在新建文件和存储文件等对话框中正确选择、设置相关参数。

二、相关知识——图形图像处理基础知识

1. 位图、矢量图

图像有位图和矢量图之分。严格地说，位图被称为图像，矢量图被称为图形。由于构成元素和获取途径的不同，它们之间有本质的区别，最大的区别就是位图放大到一定比例时会变得模糊，而矢量图则不会。

（1）位图。

位图也叫点阵图或栅格图，它是由许多细小的色块组成的，每个色块就是一个像素，每个像素只能显示一种颜色，且有确定的位置。日常生活中，我们所拍摄的数码照片、扫描的图像都属于位图。

与矢量图相比，位图具有表现力强、色彩细腻、层次多且细节丰富等优点。存储位图时要存储每一个像素点的位置和颜色信息，所以，位图的缺点是文件存储占用空间大，图像质量与分辨率有关。

（2）矢量图。

矢量图是基于数学方程的几何图元（如点、直线、曲线等）表示的图形。矢量图主要是用 Illustrator、CorelDRAW 等矢量绘图软件绘制得到的。

与位图相比，矢量图具有占用存储空间小、按任意分辨率打印都依然清晰（与分辨率无关）的优点，常用于设计标志、插画、卡通和产品效果图等。矢量图的缺点是色彩单调，细节不够丰富，无法逼真地表现自然界中的事物。

Photoshop 主要功能在于能对位图进行全方位的处理。例如，可以调整图像的尺寸、色彩、亮度、对比度，并可以对图像进行各种加工，从而制作出精美的作品。Photoshop 也可用来绘制一些不太复杂的矢量图。

2. 像素及分辨率

（1）像素（pixel）。

像素是组成位图图像最基本的单元,每个像素都有它确定的颜色和位置信息。放大位图后所看到的每个矩形点阵就是像素,这就是我们平常所说的马赛克效果。

(2)分辨率(pixel/inch,ppi)。

图像分辨率是指图像单位长度上的像素数,一般用每英寸中的像素数来表示,其单位是"像素/英寸"。相同尺寸的图像,分辨率越高,单位长度上的像素数越多,图像越清晰,反之图像越粗糙。

不同应用场合对图像的分辨率要求不一样,以下是一些分辨率的参考取值。

①屏幕显示:分辨率设置为 72/96 像素/英寸。

②报纸:分辨率设置为 133 像素/英寸。

③挂网印刷、杂志:分辨率设置为 150 像素/英寸。

④艺术书籍、高档彩色印刷:分辨率设置为 300 像素/英寸。

⑤喷绘:分辨率取值范围较大,与室内还是户外、尺寸大小有关。写真一般取 72~200 ppi,具体取值根据图像大小而定,尺寸越小分辨率越高。户外喷绘一般取 30~72ppi。幅面为五平方左右时取 40ppi 足够,幅面为三四十平方以上的取 15~30ppi 即可。

3.颜色模式

颜色模式决定了如何描述和重现图像的色彩。在 Photoshop 中,常用的颜色模式有 RGB 模式、CMYK 模式、灰度模式、索引模式、位图模式和 Lab 模式等。

(1)RGB 颜色模式。该模式是 Photoshop 软件默认的颜色模式。在该模式下,图像的颜色由红(R)、绿(G)、蓝(B)三原色混合而成。R、G、B 颜色取值的范围均为 0~255。当图像中某个像素的 R、G、B 值都为 0 时,像素颜色为黑色;R、G、B 值都为 255 时,像素颜色为白色;R、G、B 值相等时,像素颜色为灰色。

自然界的白色光(如阳光)是由红(R)、绿(G)、蓝(B)三种波长不同的颜色光组成的,这三种颜色称为 RGB 三原色。三种原色相互混合形成白色,所以又称为"加色法三原色",如图 1-2-1 所示。计算机显示器与电视机屏幕的颜色组成采用这种原理,它们大多采用 24 bit 系统,能显示 2^{24} 种颜色。

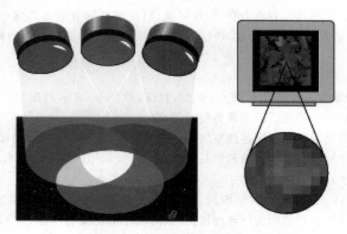

图 1-2-1　RGB 加色法三原色

(2)CMKY 颜色模式。该模式是一种印刷模式,其图像颜色由青(C)、洋红(M)、黄(Y)和黑(K,为避免与蓝色混淆,黑色用 K 而非 B 表示)4 种色彩混合而成。C、M、Y、K 的颜色变化用百分比表示,如大红色为(0、100、100、0)。在 Photoshop 中处理图像时,一般不采用 CMYK 模式,因为该颜色模式下图像文件占用的存储空间较大,并且 Photoshop 提供的很多滤镜都无法使用。因此,如果制作的图像需要用于打印或印刷,可在输出前将图像的颜色模式转换为 CMYK 模式。

CMYK 模式以打印在纸上的油墨的光线吸收特性为基础。当白光照射到半透明油墨上时,某些可见光波长被吸收,而其他波长则被反射回眼睛。理论上,青色(C)、洋红(M)和黄色(Y)色素在合成后可以吸收所有光线并产生黑色。因此称洋红、青色、黄色颜色为"减色法三原色",如图 1-2-2 所示。由于所有打印油墨都包含一些杂质,因此这三种油墨实际生成土灰色,必须与黑色(K)油墨合成才能生成真正的黑色。将这些油墨混合重现颜色的过程称为四色印刷。

图 1-2-2　CMYK 减色法三原色

减色(CMY)和加色(RGB)是互补色。每对减色产生一种加色,反之亦然。

(3)Lab 颜色模式。该模式是目前所有模式中包含色彩范围最广的颜色模式。

Lab 颜色模式由光亮度分量(L)和两个色度分量组成。其中,这两个色度分量是 a 分量(从绿色到红色)和 b 分量(从蓝色到黄色)。图 1-2-3 表示的是 Lab 颜色模型。

Lab 颜色模式与设备无关,无论使用何种设备(如显示器、打印机、计算机或扫描仪)创建或输出图像,这种模式都能生成一致的颜色。

(4)HSB 颜色模型。基于人对颜色的感觉,H 是色相,S 是饱和度,B 是明度,如图 1-2-4 所示。

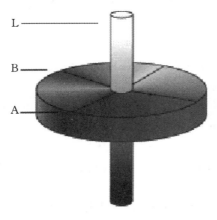

图 1-2-3　Lab 色彩模式

图 1-2-4　HSB 色彩模型

(5)灰度模式。灰度模式图像只能包含纯白、纯黑及一系列从黑到白的灰色,由黑到白可画分为 0~255 个等级,0 表示黑,255 表示白色。该模式不包含任何色彩信息,但能充分表现出图像的明暗信息。

(6)索引颜色模式。索引颜色模式图像最多包含 256 种颜色。在这种颜色模式下,图像中的颜色均取自一个 256 色颜色表。索引颜色模式图像的优点是文件尺寸小,其对应的主要图像文件格式为 GIF。因此,这种颜色模式的图像通常用作多媒体动画和网页的素材图像。在该颜色模式下,Photoshop 中的多数工具和命令都不可用。

(7)位图模式。位图模式图像也叫黑白图像或一位图像,它只包含了黑、白两种颜色。

(8)Doutone(双色调)模式。该模式通过二至四种自定油墨创建双色调(两种颜色)、三色调(三种颜色)和四色调(四种颜色)的灰度图像。

4.位深度和色域

(1)位深度。位深度也称为像素深度或颜色深度,主要用来度量在图像中使用多少颜色信息来显示或打印像素。例如:位深度为 1 的像素(2^1)有两个可能的值:黑色和白色;而位深度为 8 的像素($2^8 = 256$)有 256 个可能的值;位深度为 24 的像素($2^{24} \approx 1670$ 多万)有 1670 多万个可能的值。常用的位深度值范围为 1 位/像素到 64 位/像素。对图像的每个通道,Photoshop 支持最大为 16 位/像素。

通常情况下,RGB、灰度和 CMYK 图像的每个颜色通道位深度为 8 位,表示为 8 位/通道,称为 24 位深度 RGB(8 位×3 通道)、8 位深度灰度(8 位 × 1 通道),以及 32 位深度 CMYK(8 位×4 通道)。

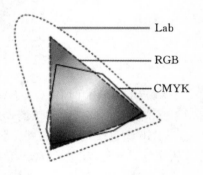

(2)色域。不同的色彩描述方法可以描述的色彩范围是不同的,被称为色域。在上述的各种色彩模式中,色域从大到小依次为 HSB、Lab、RGB 和 CMYK(见图 1-2-5)。当我们将一种具有较大色域的模式向较小色域模式转换时,会出现色彩丢失现象,称为"溢色"。比如从 RGB 到 CMYK,在转换过程中,Photoshop 实际是将图像由原先的 RGB 模式转换成 Lab 模式,再产生一个最终的 CMYK 色彩的模式,这其中

图 1-2-5 Lab、RGB、CMYK
色彩模式的色域

难免会损失一些品质,因此最好在转换之前先将原稿备份。在 RGB 与 CMYK 模式之间来回多次转换也是不提倡的,它们之间的转换并不是完全可逆的。

5.图形图像的文件格式

图像文件格式是指在计算机中存储图像文件的方式,而每种文件格式都有自身的特点和用途。下面简要介绍几种常用图像格式的特点。

(1)PSD 格式(*.psd)。这种格式是 Photoshop 默认的图像文件格式,可保存图层、蒙版、通道、路径等信息。其优点是保存的信息量多,便于修改图像;缺点是文件尺寸较大,PSD格式的图像文件一般只能在 Photoshop 打开。

(2)PSB 格式(*.psb)。这种格式是 Photoshop 专用的大型图像文件格式,可以支持最高达 30 万像素的超大图像文件。

(3)TIFF 格式(*.tif)。这种格式是一种应用非常广泛的图像文件格式,几乎所有的扫描仪和图像处理软件都支持它。TIFF 格式采用无损压缩方式来存储图像信息,可支持多种

颜色模式,可保存图层和通道信息,并且可以设置透明背景。

(4)BMP 格式(＊.bmp)。这种格式是 Windows 操作系统中"画图"程序的标准文件格式,此格式与大多数 Windows 和 OS/2 平台的应用程序兼容。由于该格式采用的是无损压缩,因此,其优点是图像完全不失真,缺点是图像文件的尺寸较大。

(5)JPEG 格式(＊.jpg)。这种格式是一种压缩率很高的图像文件格式。但是,由于它采用的是具有破坏性的压缩算法(有损压缩),因此,该格式图像文件在显示时无法全部还原。它仅适用于保存不含文字或文字尺寸较大的图像,否则,将导致图像中的字迹模糊。JPEG 格式图像文件支持 CMYK、RGB、灰度等多种颜色模式,多用作网页的素材图像。

(6)GIF 格式(＊.gif)。这种格式图像最多可包含 256 种颜色,颜色模式为索引颜色模式,文件尺寸较小,支持透明背景,且支持多帧,特别适合作为网页图像或网页动画。

(7)PNG 格式(＊.png)。这种格式是由 Adobe 公司针对网络用图像开发的文件格式,它结合了 GIF 与 JPEG 格式的优点,使用破坏性较少的压缩算法,有 8 位(2^8)、24 位(2^{24})、32 位(2^{32})三种颜色深度,8 位颜色深度支持透明背景。

另外,Photoshop 还支持其他图像文件格式,如 PCX、PDF、RAW、PXR、SCT、TGA 等。

三、项目实施

1. Photoshop CS6 文件基本操作

任务一:新建图像文件

按【Ctrl＋N】组合键,或选择"文件→新建"菜单项,打开"新建"对话框,设置各项参数(见图 1－2－6),单击"确定"按钮,即可创建一个空白图像文件。

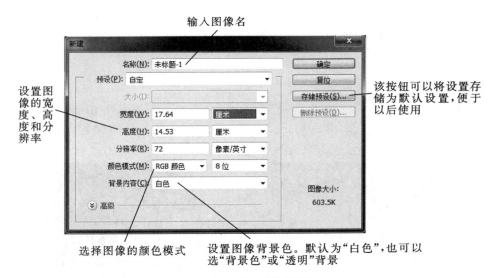

图 1－2－6 "新建"对话框

任务二:打开图像文件

按【Ctrl＋O】组合键,或选择"文件→打开"菜单项,打开"打开"对话框,在对话框中找到存放图像文件的文件夹,然后单击"打开"按钮将它们同时打开,如图 1－2－7 所示。也可以通过以下其他方式打开文件。

（1）在"Bridge"面板中打开文件。

（2）用"打开为"命令打开文件，它只能打开 Photoshop 的有效文档，如 PSD 的格式。

（3）从已打开的文件夹中，直接把要打开的图像文件拖到 Photoshop 窗口，释放鼠标后即可打开文件。

（4）用"打开为智能对象"命令打开文件，该打开文件自动转化为智能对象。

（5）用"最近打开文件"命令打开文件，在其下拉菜单中可以选择最近使用过的 10 个文件。

图 1-2-7 "打开"对话框

任务三：置入文件

新建或者打开一个文档后，可以执行"文件→置入"命令，然后在弹出的对话框中选择需要置入的照片、图片等位图以及 EPS、PDF、AI 等矢量文件作为智能对象置入 Photoshop 文档中，如图 1-2-8 所示。

图 1-2-8 置入的图像

　　置入的文件将自动放置在画面的中间,保持其原始的长宽比。但是如果置入的文件比当前编辑的图像大,那么该文件将被重新调整到与画布相同大小的尺寸。在置入文件之后,可以对作为智能对象的图像进行缩放、定位等操作,并且不会降低图像的质量。

　　任务四:导入和导出文件

　　(1)当新建或者打开图像文件后,可以通过"文件→导入"命令,将输入设备中的图像导入到 Photoshop 中使用。如将扫描仪与计算机连接,"导入"子菜单将会出现扫描仪的名称,选择该扫描仪名称可扫描图像,并在 Photoshop 中打开扫描得到的图像。

　　"导入"菜单中有四个子菜单项。其中,选择"变量数据组"可将其他程序(如文本编辑器)创建的数据组导入到当前文件中;选择"视频帧到图层"可导入视频、动画等;选择"注释"可以导入保存为 PDF 格式的注释,选择"WIA 支持"可导入数码相机中的照片。

　　(2)在 Photoshop 中编辑好图像后,可以将其导出到 Illustrator 或视频设备中。点击"文件→导出"命令,可以在其下拉菜单中选择一些导出的类型,如数据组作为文件、Zoomify、路径到 Illustrator、渲染视频。

　　任务五:保存图像

　　按【Ctrl+S】组合键,或选择"文件→储存"菜单项,打开"存储为"对话框,选择文件的保存位置,在"文件名"编辑框中输入文件名,在"格式"下拉列表框中选择文件保存格式,如选择PSD 格式,如图 1-2-9 所示。单击"保存"按钮,将制作好的图像文件保存。

图 1-2-9　"保存"对话框

如果要将文件作备份保存,可以选择"文件→存储为"命令或者按【Shift＋Ctrl＋S】快捷键打开"存储为"对话框,将文件存入其他文件夹或以另一个文件名保存。

任务六:关闭图像文件

单击图像窗口标签右侧的"关闭"按钮,或选择"文件→关闭"菜单项;如果打开有多个图像窗口,可按【Ctrl＋W】组合键,将各图像窗口关闭,也可选择"文件→关闭全部"菜单项,一次性关闭所有打开的图像文件。

四、项目小结

(1)图形图像处理基础知识:位图和矢量图、像素和分辨率、颜色模式、位深度和色域、文件格式。

(2)Photoshop CS6 的文件操作:新建、打开、置入、导入和导出、保存和关闭文件等。

(3)相关快捷键。

 练习题

一、单选题

1. Photoshop 软件是由(　　　)公司研制开发。

A. Adobe　　　　　　　　　B. Mircosoft

C. Macromedia　　　　　　 D. Doscreet

2. 下面(　　)色彩模式是加色模式。

A. HSB 模式　　　　　　　 B. RGB 模式

C. CMYK 模式　　　　　　 D. Lab 模式

3. 以下(　　)是 Photoshop 默认颜色模式。

A. RGB　　　　 B. Lab　　　　 C. HSB　　　　 D. 双色调

4. 以下(　　)不是 Photoshop 图像的颜色模式。

A. RGB　　　　 B. Lab　　　　 C. HSB　　　　 D. 双色调

5. 图像必须是(　　)模式,才可以转换为位图模式。

A. RGB　　　　 B. 灰度　　　　 C. 多通道　　 D. 索引颜色

6. 索引颜色模式的图象包含(　　)种颜色。

A. 2　　　　 B. 256　　　　 C. 约 65000　　 D. 1670 万

7. 构成位图图像的最基本单位是(　　　)。

A. 颜色　　　　 B. 像素　　　　 C. 通道　　　 D. 图层

8. Photoshop 图像分辨率的单位是(　　　)。

A. dpi　　　　 B. ppi　　　　 C. lpi　　　　 D. pixel

9. 分辨率是指(　　　)。

A. 单位长度上分布的像素的个数

B. 单位面积上分布的像素个数

C. 整幅图像上分布的像素总数

D. 当前图层上分布的像素个数

10. 图像窗口标题栏文件名中显示的". tif"和". psd"所代表的是(　　　)。

A. 文件格式　　　 B. 分辨率　　　 C. 颜色模式　 D. 文件名

11. 下列( )格式大量用于网页中的图像制作。

A. EPS   B. DCS2.0   C. TIFF   D. JPEG

12. 关于像素图与矢量图的说法中正确的是( )。

A. 像素是组成图像的最基本单元,所以像素多的图像质量要比像素少的图像质量要好

B. 路径、锚点、方向点和方向线是组成矢量图的最基本的单元,每个矢量图里都有这些元素

C. 当利用"图像大小"命令把一个文件的尺寸由 $10×10$ 厘米放大到 $20×20$ 厘米的时候,如果分辨率不变,那么图像像素的点的面积就会跟着变大

D. 当利用"图像大小"命令把一个文件的尺寸由 $10×10$ 厘米放大到 $20×20$ 时分辨率不变,那么图像像素的点的数量就会跟着变多

13. RGB 模式的图像中每个像素的颜色值都由 R、G、B 3 个数值来决定,每个数值的范围是 0~255。当 R、G、B 3 个数值相等,均为 255,0 时,最终的颜色分别是( )。

A. 灰色、纯白色、纯黑色   B. 偏色的灰色、纯白色、纯黑色

C. 灰色、纯黑色、纯白色   D. 偏色的灰色、纯黑色、纯白色

14. 当制作标志时,大多存成矢量图,这是因为( )。

A. 矢量图颜色多,做出来的标志漂亮

B. 矢量图不论放大/缩小,它的边缘都是平滑的,效果一样清晰

C. 矢量图分辨率高,图像质量好

D. 矢量图文件的兼容性好,可以在多个平台间使用,并且大多数软件都可以对它进行编辑

15. 前景色和背景色相互转换的快捷键是( )。

A. X 键   B. Z 键   C. A 键   D. Tab 键

二、多选题

1. 下列索引颜色模式的描述中,哪些是正确的?( )

A. 索引颜色模式是动画和网上常用的模式

B. 当把文件存成 GIF 格式的时候,文件会自动转成索引颜色模式

C. 只有应用了索引模式才可以使用颜色表

D. 在印刷的时候,使用索引模式可以降低印刷成本

2. 下列有关 Photoshop 坐标原点的描述哪个是正确的?( )

A. 坐标原点内定在左上角,是不可以更改的

B. 坐标原点内定在左上角,可以用鼠标拖拉来改变原点的位置

C. 坐标原点一旦被改动是不可以被复原的

D. 不管当前坐标原点在何处,只需用鼠标双击内定的坐标原点位置,就可以将坐标原点恢复到初始位置

3. 下列( )文件格式采用的是无损压缩。

A. BMP   B. TIFF   C. JPEG   D. PNG

4. 下列( )文件格式可以设置透明背景。

A. BMP   B. TIFF   C. JPEG   D. PNG   E. GIF

5. 退出 Photoshop CS6 程序的快捷键有( )。

A. Ctrl+Q   B. Ctrl+W   C. Alt+F4   D. Shift+F1

三、填空题

1. 组成位图图像的基本单元是_____。

2. 在 Photoshop 中显示或隐藏标尺的快捷组合键是_____。

3. 关闭全部文件的快捷键是_____。

4. Photoshop 默认的文件格式是_____。

5. 设置绘图环境时,如设置参考线、网格线与切片参数时,选择的菜单命令是_____。

模块二　Photoshop CS6 图形图像处理基本操作

📖 **模块导读**

　　Photoshop CS6 丰富的工具箱及相关菜单命令为用户提供了非常广阔的创作空间,通过使用不同功能的工具及命令可以绘制、编辑各种简洁明快的图形,如制作各种 LOGO 和图案,也可以通过图形图像修饰工具对已有图形图像进行修复等处理。

🏛 **学习目标**

知识目标:

1. 掌握 Photoshop CS6 工具箱中的各类选区创建工具及其作用;
2. 掌握"选择"菜单中的选区变换和编辑命令;
3. 掌握通过"拾色器"选取前景色或背景色的颜色,为选区填充颜色和描边;
3. 掌握位图绘制和修饰工具的功能和使用方法;
5. 掌握矢量图形的绘制和编辑工具。

能力目标:

1. 能根据图形图像需要正确选择选区创建工具创建基本选区,并通过工具属性栏的设置或运用 Shift、Alt 组合键编辑选区;
2. 能正确选择"选择"菜单中的相关命令"变换选区"或"修改"选区;
3. 能综合使用多种方法创建复杂选区,如使用快速蒙版工具编辑选区;
4. 会给选区"描边"和"填充",并对填充区域进行编辑操作;
5. 能运用"画笔工具"等工具组进行位图的绘制和编辑;
6. 能运用"矩形工具"组中的工具组进行矢量图的绘制与编辑;
7. 熟练掌握【Alt + Delete】填充前景色、【Ctrl+Delete】填充背景色、【X】切换前景色和背景色、【Ctrl+D】取消选区、【Ctrl+T】自由变换等快捷键的应用。

项目一　选区的创建和编辑

一、项目概述

1. 项目描述

　　通过"三叶草徽标"任务的完成,学习如何根据图形图像的不同需要选用不同的选区创建工具来创建选区,如:绘制"三叶草徽标"中的叶子时运用"椭圆选框工具"和"矩形选框工具",绘制叶脉时选择"单列选框工具"等。熟悉矩形工具选项栏中相关选项的设置以及选区的变换方法。学会如何给选区填充颜色并进行必要的编辑。

通过"水墨风景"任务的完成,掌握如何用套索工具组和魔棒工具组中的工具建立和编辑选区,并熟悉相关快捷键的应用。

2.**学习目标**

(1)掌握矩形选框工具组、套索工具组和魔棒工具组中的工具功能和工具属性栏参数设置;

(2)能正确选择和灵活运用选区创建工具创建和编辑选区;

(3)掌握相关快捷键操作。

二、相关知识

常用来建立选区的工具有矩形选框工具组、套索工具组、快速选择工具,如图2-1-1所示。建立选区时,需要根据不同的图形图像特征选择不同工具,同时,将出现不同的工具选项栏(或工具属性栏)。图2-1-2所示为"矩形选框工具"选项栏,通过该属性栏可以根据需要进行相关的选项设置,如设置"样式"选项为"正常"则可以建立任意的矩形选框,如果要建立正方形选框,则选择"固定比例",并输入"宽度"和"高度"。也可以在已建立好的选区上进行选区的修改和编辑,如加选一些区域时按【Shift】键或在工具选项栏上选择▣按钮,减去一些区域时,按【Alt】键或选择▣按钮,如果要求两选区的交集时,选择▣按钮后,再拖出第二个选区。

注意:如果不显示工具选项栏,则选择"窗口→选项"命令。

(a)矩形选框工具组　　　　(b)套索工具组　　　　(c)魔棒工具组

图2-1-1　建立选区的工具

图2-1-2　"矩形选框工具"选项栏

1.**矩形选框工具组**(见图2-1-1(a))

• 矩形选框工具:用来创建矩形或正方形选区。

• 椭圆选框工具:用来创建椭圆或正圆选区。

• 单行选框工具:在图像的水平方向选择一行像素。

• 单列选框工具:在图像的竖直方向选择一列像素。

2.**套索工具组**(见图2-1-1(b))

• 套索工具:用来创建任意形状的选区。

• 多边形套索工具:用来定义边缘呈直线的多边形选区。

• 磁性套索工具:可沿着图像边界制作出需要的选区。

3.**魔棒工具组**(见图2-1-1(c))

• 魔棒工具:用来创建颜色相近的选区。

• 快速选择工具：可以使用圆形笔刷快速"画"出一个颜色相近的选区。

4. 快速蒙版

也可以应用快速蒙版编辑选区。首先，建立一个选区，再按工具箱下方的"以快速蒙版模式编辑"按钮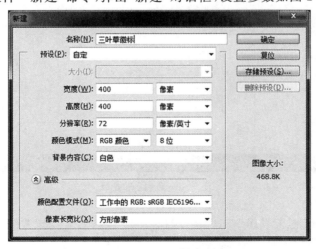，即可进入快速蒙版编辑模式，用"画笔工具"等可以进行蒙版编辑，前景色设为黑色时绘制被蒙区域则增加被蒙区域（减小选区），反之，前景色为白色时绘制被蒙区域时，可减少被蒙区域（选区变大），编辑完毕，再按█按钮，返回原来模式。

5. 变换选区

变换选区：创建选区后，选择"选择→变换选区"菜单，或按【Ctrl＋T】组合键，在选区周围显示自由变换框，然后即可对选区进行各种变换操作，具体方法与变换图像相同。

修改选区：选择"选择→修改"菜单，可以对所建的选区进行"扩展""收缩""羽化""边界""平滑"修改。

6. 取消、反选、存储和载入选区

右击选中的选区，在该快捷菜单中选择"选择反向"菜单，或按【Shift＋Ctrl＋T】组合键可以反选选区；选择"选择→存储选区"菜单，在打开的"存储选区"对话框中进行设置，单击"确定"按钮可保存选区；选择"选择→载入选区"菜单，在"通道"下拉列表框中选择刚才保存的选区，单击"确定"按钮可载入该选区。

三、项目实施

任务一：制作"三叶草徽标"

"三叶草徽标"主要选用不同的选区创建工具来创建选区，并对选区进行变换和填充颜色，通过这个任务的实施，练习"椭圆选框工具""矩形选框工具""单列选框工具"的基本用法。操作步骤分解如下：

提示：步骤 1～步骤 5 是创建叶片选区。

步骤 1：执行"文件→新建"命令，弹出"新建"对话框，设置参数如图 2-1-3 所示。

图 2-1-3　"新建"对话框

步骤 2：设置绘图环境。执行"视图→标尺""视图→显示→网格"菜单命令，显示网格，再执行"编辑→首选项→单位和标尺"菜单命令，在该选项中设置单位为"像素"，在图 2-1-4 所示的"参考线、网格和切片"选项中,设置网格线间隔为 40 像素,子网格为 4 个像素,确定后结果如图 2-1-5 所示。

图 2-1-4　参考线、网格和切片设置

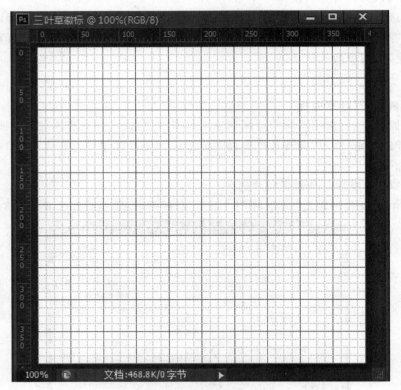

图 2-1-5　网格效果

步骤 3:按"矩形选框工具组"按钮，选择"矩形选框工具",参考图 2-1-6 所示的工具栏选项栏参数设置(注意,样式选择"固定大小"),创建一个正方形选区,结果如图 2-1-7所示。

图 2-1-6　设置"矩形选框工具"选项栏参数

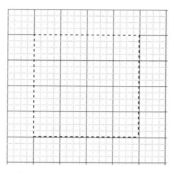

图 2-1-7 正方形选区

步骤 4：在工具箱中按"矩形选框工具组"按钮▣，选择其中的"椭圆选框工具"按钮◯，在如图 2-1-8 所示选项栏中单击"与选取交叉"按钮▣，设置参数，在绘图窗口中拖曳圆形选区（以正方形右边为直径），与其正方形选取交叉，得到一个半圆选区，如图 2-1-9 所示。

图 2-1-8 椭圆工具选项栏

步骤 5：保持椭圆工具选项栏的参数设置不变，继续使用椭圆选取工具创建正圆选区，拖曳该选区使其与刚才创建的半圆选区交叉，得到一个叶片状选区，如图 2-1-10 所示。执行"选择→存储选区"命令，出现如图 2-1-11 所示的对话框，按对话框中的选项设置保存叶片选区。

图 2-1-9 得到半圆选区　　图 2-1-10 得到叶片状选区

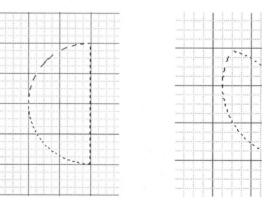

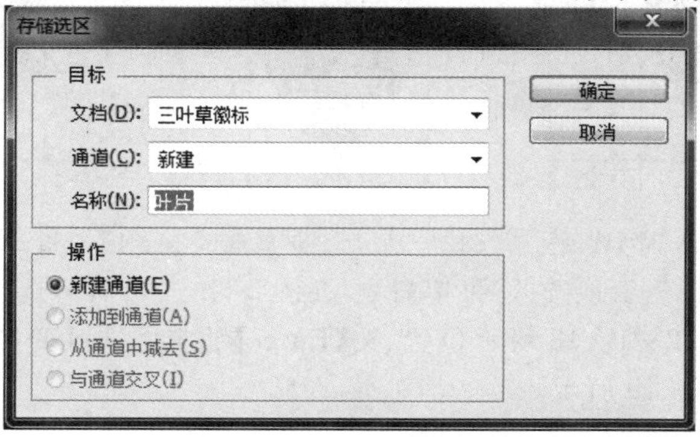

图 2-1-11 存储选区

提示：步骤6～步骤12是变换选区并填充颜色。

步骤6：执行"选择→变化选区"菜单命令，对选区进行大小变换（高160像素）。移动选区的位置，然后旋转选区使其竖起，按【Enter】键确认选区变换。结果如图2-1-12所示。

步骤7：新建"图层1"，设置前景色为红色（R:255,G:0,B:0），按【Alt＋Delete】组合键填充图层颜色，按【Ctrl＋D】组合键取消选区，如图2-1-13所示。

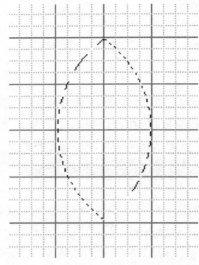

图2-1-12　变换选区

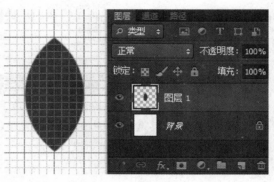

图2-1-13　填充选区

步骤8：选择"单列选框工具"按钮，在左对称轴处创建一个单列选区，如图2-1-14所示。

步骤9：执行"选择→修改→扩展"菜单命令，在扩展选区对话框中输入扩展量为2像素，单击"确定"，单列选区得到扩展，如图2-1-15所示。

步骤10：将背景色设置为白色，按【Delete】键清除选区内容，如图2-1-16所示。

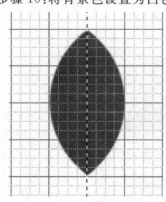

图2-1-14　建立单列选区

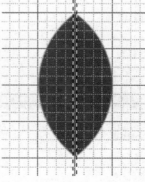

图2-1-15　扩展选区

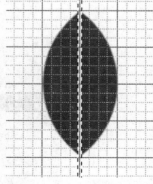

图2-1-16　清除选区内容

步骤11：执行"选择→变换选区"菜单命令，在图2-1-17所示选项栏中设置旋转角度为20度，将选区调整到图2-1-18所示位置，按【Enter】键应用选区变换，按【Delete】键清除选区内容，结果如图2-1-19所示。

X: 216.05 像 △ Y: 237.08 像 W: 100.00% ⟨∞⟩ H: 100.00% ⦞ 20.00 度 H: 0.00 度 V: 0.00 度

图 2-1-17 设置旋转角度

步骤 12：再次执行"选择→变换选区"命令，在选项栏中设置旋转角度为-40 度，将选区调整到适当位置，按【Enter】键应用选区变换，按【Delete】键清除选区内容，如图 2-1-20 所示。

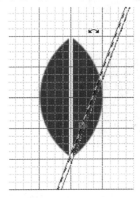 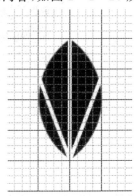

图 2-1-18 选区旋转 20 度　　　图 2-1-19 清除除区内容　　　图 2-1-20 旋转-40 度清除内容

提示：步骤 13~步骤 14 是复制图层并对其自由变换。

步骤 13：复制两次图层 1，选中"图层 1 副本"，执行"编辑→变换→旋转"菜单命令（或按【Ctrl+T】组合键），向下移动旋转中心到一个大网格的距离，再在图 2-1-21 所示的选项栏中设置旋转角度为 45 度，结果如图 2-1-22 所示。按【Enter】键确认选区变换。

步骤 14：重复上述操作，选中"图层 1 副本 2"，向下移动旋转中心到上步旋转时的位置，在选项栏中设置旋转角度为-45 度，按【Enter】键确认变换选区，如图 2-1-23 所示。

提示：以上两步操作，也可按【Ctrl+T】组合键后用鼠标完成旋转，按【Shift】键的同时拖动鼠标，将按 15 度倍数旋转。

X: 201.00 像 △ Y: 319.50 像 W: 100.00% ⟨∞⟩ H: 100.00% ⦞ 45.00 度 H: 0.00 度 V: 0.00 度

图 2-1-21 "变换图层"选项栏设置

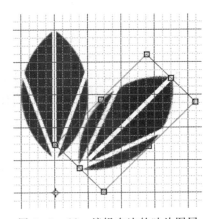  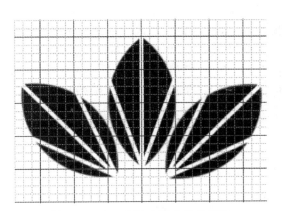

图 2-1-22 编辑右边的叶片图层　　　图 2-1-23 编辑左边的叶片图层

提示：步骤 15~步骤 18 是制作徽标的下方图形。

步骤15：选择工具箱中的"椭圆选框工具"，在选项栏中将样式设为"正常"。然后新建"图层2"，按住【Shift】键绘制正圆选区，结果如图2-1-24所示。

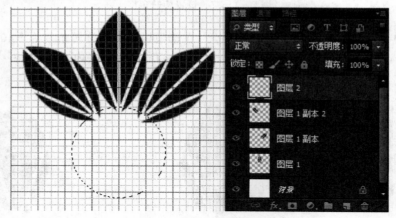

图2-1-24 绘制正圆选区

步骤16：选择工具箱中的"矩形选框工具"，在选项栏中单击"从选区减去"按钮 ，将样式设为"正常"。在图像中绘制矩形选区，将圆形选区的上部分去掉，如图2-1-25所示。

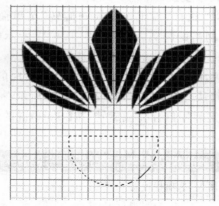 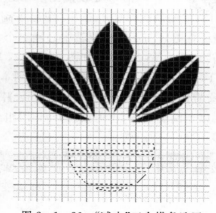

图2-1-25 "减去"上半部分选区　　　　图2-1-26 "减去"三个横条选区

步骤17：在选项栏中修改矩形选框工具的参数，样式为"固定大小"，宽度为300像素，高度为5像素，从原选区中减选三条横线，结果如图2-1-26所示。

步骤18：选中"图层2"，用红色填充选区，按【Ctrl＋D】组合键取消选区。按【Ctrl＋T】组合键适当调整高度，并移动图层位置，结果如图2-1-27所示。保存文件为"三叶草徽标"。

图 2-1-27　"三叶草徽标"最终效果

任务二：水墨风景画（banner）

使用配套的各种素材制作"水墨风景"banner，在任务中将练习使用"套索"工具组和"魔棒"工具组，选择不规则的选区以及建立和编辑选区的基本方法。操作步骤如下：

步骤 1：打开 Photoshop 软件，新建文件命名为"水墨风景"，背景色为白色，宽度为 1920 像素，高度为 768 像素，分辨率为 72dpi，颜色模式为 RGB 色，如图 2-1-28 所示。

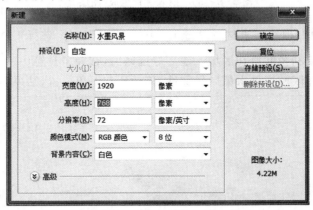

图 2-1-28　新建文件

步骤 2：打开"素材/模块二素材/2.1 素材/山水远景"，拖进"水墨风景"文件，按【Ctrl＋T】组合键调整大小，如图 2-1-29 所示。

图 2-1-29　打开"山水远景"素材

步骤 3：打开"素材/模块二素材/2.1 素材"中的"山"文件，拖进水墨风景文件，如图 2-1-30 所示。

图 2-1-30　拖入"山"生成"图层 2"

步骤 4：打开"素材/模块二素材/2.1 素材"中的"荷花"文件，选择工具箱中的"磁性套索工具"按钮，选取荷花和荷叶所在区域。建立好选区后，选择工具箱中的"移动工具"按钮（第一个工具），将选择区域拖进水墨风景文件，移动到右下角位置，结果如图 2-1-31 所示。

图 2-1-31　拖入"荷花"素材并调整后

步骤 5：打开"素材/模块二素材/2.1 素材"中的"竹子"文件，选择工具箱中的"魔棒工具"

按钮，选取竹子之外的白色区域。魔棒工具容差设置为 20，其他参数设置参看图 2-1-32 所示选项栏。再执行"选择→反选"菜单命令，此时的选区不但有竹子还有其他不需要的蓝色区域。可按【Alt】键的同时再选择要减去的区域，如果多选了，可按【Shift】键的同时再选择其他区域进行加选。也可以像"矩形选框工具组"一样通过选项栏设置加选还是减选。

图 2-1-32　魔棒工具选项栏

建立好选区后，选择工具箱中的"移动工具"按钮，将选择区域拖进水墨风景文件，移动到左侧位置，再复制该图层，调整大小和位置，结果如图 2-1-33 所示。

图 2-1-33　拖入"竹子"素材并调整后

步骤 6：打开"素材/模块二素材/2.1 素材"中的"中国水墨画联盟"文件，用上述的方法选择文字，拖进水墨风景文件，移动到上边。结果如图 2-1-34 所示，保存文件。

图 2-1-34　最终效果

四、项目小结

通过"三叶草徽标"和"水墨风景"两个任务的完成，掌握如何根据图形图像的需要选用不同的选区创建工具创建和编辑选区，如"三叶草徽标"绘制主要运用矩形选框工具组中的"椭圆选框工具"和"单列选框工具"，而"水墨风景"要用到"套索工具"和"魔棒工具"等。给所选区域填充颜色并进行必要的编辑。

应用的快捷键有：【Ctrl＋T】组合键自由变换选区、【Ctrl＋D】组合键取消选区、【Delete】组合键删除、【Alt＋Delete】组合键填充前景色、【Shift＋Alt】组合键绘制正圆等。

项目二　图形的绘制和修饰

一、项目概述

1. 项目描述

该项目任务为国庆音乐会设计海报。某校艺术系学生要设计庆国庆音乐会海报，选出了如图 2-2-4 所示的背景图片，该图表现不出国庆的季节，需要运用画笔工具绘制枫叶等，进行进一步的渲染设计。

2. 学习目标

(1)掌握画笔工具组中各工具及其属性栏上相关参数的功能和设置方法；

(2)掌握图形的填充、描边和变换操作；

(3)能运用钢笔工具进行简单的造型设计。

二、相关知识

1. 画笔工具组

画笔工具组中包括四个工具，如图 2-2-1 所示。

图 2-2-2 所示为画笔工具的属性栏，在其中可以选择、载入、复位画笔笔头形状，设置已选画笔的笔头大小和硬度等。

图 2-2-1　画笔工具组

图 2-2-2　画笔工具的属性栏

选择"窗口→画笔"菜单命令或按【F5】键调出"画笔"面板，可对画笔进行更多的选项设置，设置内容可参看图 2-2-6 至图 2-2-8 等，用户也可以根据需要载入画笔，还可以将已绘制好的图案定义成画笔，方法为先用矩形选框选择绘制好的图案，然后选择"编辑→定义画笔预设"菜单项。

2. 拾色器

前景色和背景色拾取工具在工具箱下方位置，默认颜色为黑/白两色，当图片需要填充为其他色时，需更改前景色或背景色，更改时单击前景色/背景色图标，打开拾色器对话框，如图 2-2-3 所示，如要改为黄色时，则输入 R255、G255、B0，或在下方"＃"号后输入"ffff00"即可，要恢复默认颜色时单击图标右边的切换符。

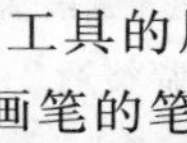

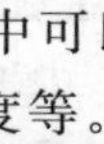

3. 图形的填色和描边

图形可以填为纯色、图案和渐变色。填纯色时，选择"编辑→填充"命令，也可以在设置好前景色或背景色后，按【Alt＋Delete】组合键填入前景色，或按【Ctrl＋Delete】组合键填入背景色。要填入渐变色，则选择渐变工具组中的"渐变工具"，在"渐变工具"属性栏中可选择预设渐变和编辑渐变色。并有 5 种渐变类型可选择，分别是"线性渐变""径向渐变""角度渐变""对称渐变""菱形渐变"。要填充图案，则可选择渐变工具组中的"油漆桶工具"，在"油漆桶工具"属性栏中可单击 前景 下拉列表，选择"图案"，再选择预设好的图案对某些区域填充。

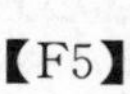

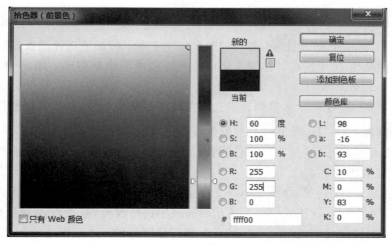

图 2-2-3 拾色器

使用"描边"命令可以在选区或图层周围绘制彩色边框。选择要描边的区域或图层，选择"编辑→描边"命令，弹出"描边"命令对话框，在其中设置描边的宽度、颜色和位置。

4. 图形图像的变换

图片在编辑过程中需要改变其大小及形状，可以选择"编辑→变换→缩放/旋转/⋯⋯"，或按【Ctrl＋T】组合键，在图像周围显示自由变换框，然后，右击鼠标弹出快捷菜单，再选择变换方式。对图像可进行的变换有缩放、旋转、斜切、扭曲、变形等操作。

三、项目实施

任务：制作音乐视听海报（画笔工具应用）

步骤 1：打开"素材/模块二素材/2.2 素材/音乐视听海报/人物背景.jpg"，新建图层并将其命名为黑色画笔，将前景色设为黑色。结果如图 2-2-4 所示。

图 2-2-4 背景图片

步骤2:选择"黑色画笔"图层进行绘画。在工具箱中选择"画笔工具"按钮，在其属性栏中单击画笔选项右侧的按钮，弹出如图2-2-5所示的画笔选择面板，选择"柔边圆"画笔，大小为50，硬度为70%左右。在图像窗口的下方用画笔绘制图形。结果为图2-2-9所示的黑色区域。

步骤3:在图2-2-5所示画笔列表中选择需要的画笔形状"草"，单击属性栏中的"切换画笔调板"按钮（或按【F5】），弹出画笔控制面板后进行如下设置:

(1)选中"画笔笔尖形状"选项，切换到相应的面板，在图2-2-6所示的面板中进行设置，大小为200，间距40%左右。

(2)选中"形状动态"选项，在图2-2-7所示的面板中进行设置，角度抖动为10%。

(3)选中"散布"选项，在图2-2-8所示的面板中进行设置，数量为3，数量抖动为40%左右。设置好后，选择"黑色画笔"图层进行绘画，在图像窗口的下方用画笔绘制图形。结果为图2-2-9所示的黑色区域上方的小草效果。

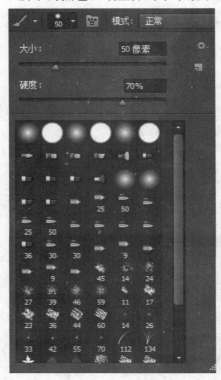

图2-2-5　画笔工具属性栏中的画笔列表

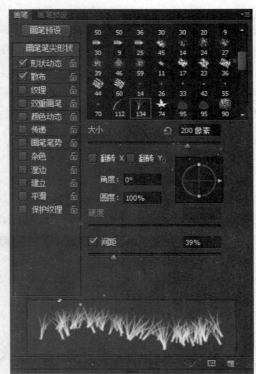

图2-2-6　"画笔笔尖形状"设置

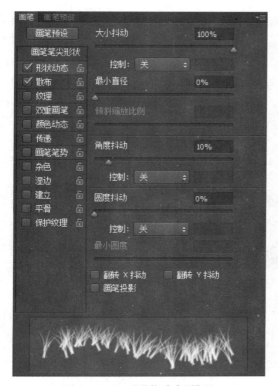

图 2-2-7　"形状动态"设置

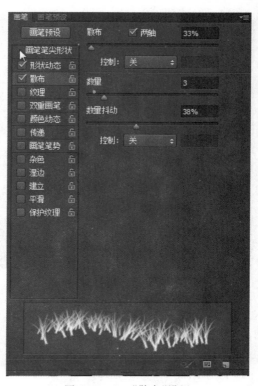

图 2-2-8　"散布"设置

图 2-2-9　编辑小草图层——"黑色画笔"层

　　步骤 4：打开"素材/模块二素材/2.2 素材"中的"树枝"文件。选择移动工具,拖曳树枝图片到图像窗口的右侧。在图层控制面板中生成新的图层并将其命名为"树枝"。按【Ctrl+T】组合键,适当调整大小。结果如图 2-2-10 所示。

图 2 - 2 - 10　黑色画笔、树枝图层

步骤 5：新建图层并将其命名为"枫叶"。将前景色设为红色（取值分别为 R255、G17、B0），如图 2 - 2 - 11 所示，背景色设为橙色（R255、G195、B0），如图 2 - 2 - 12 所示。

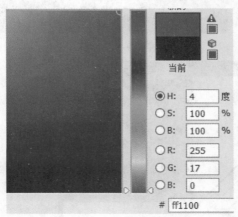

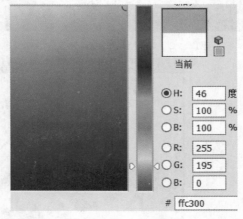

图 2 - 2 - 11　前景色设置　　　　　　图 2 - 2 - 12　背景色设置

选择"画笔工具"，在属性栏中单击画笔选项右侧的按钮，在弹出的画笔选项面板中选择需要的画笔形状"枫叶"按钮。

按【F5】键，在画笔控制面板中设置：

（1）选中"画笔笔尖形状"选项，在画笔笔尖形状面板中设置参数：大小为 30 像素，角度为 2，间距为 150％，如图 2 - 2 - 13 所示。

（2）选中"形状动态"选项，参数设置如图 2 - 2 - 14 所示。

（3）选中"散布"选项，参数设置如图 2 - 2 - 15 所示。

（4）选中"颜色抖动"选项，参数设置如图 2 - 2 - 16 所示。

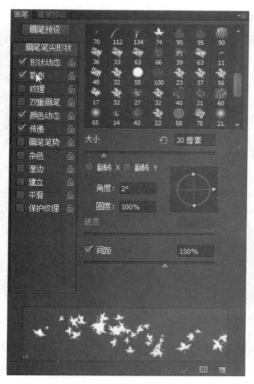

图 2-2-13 "画笔笔尖形状"选项

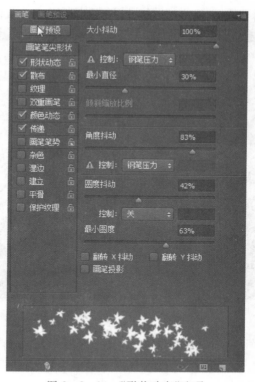

图 2-2-14 "形状动态"选项

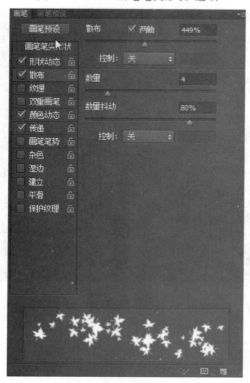

图 2-2-15 "散布"选项

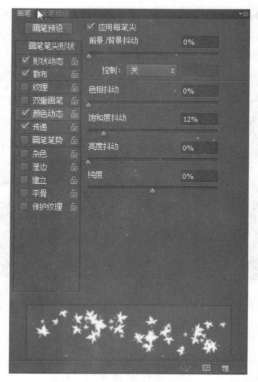

图 2-2-16 "颜色抖动"选项

设置好后，选择"枫叶"图层绘画枫叶。结果如图2-2-17所示。

图2-2-17 编辑"枫叶"图层

步骤6：打开"素材/模块二素材/2.2素材"中的"文字"文件，选择"移动工具"，拖曳到图像窗口的左下角，在图层控制面板中生成新的图层并将其命名为"文字"。文件存储为"音乐视听海报"。最终初效果如图2-2-18所示。

图2-2-18 最终效果

四、项目小结

通过音乐视听海报的制作，熟悉了画笔工具组中的工具、画笔工具的选项设置等。如通过"切换画笔调板"按钮 (或按【F5】键)可弹出画笔调板，对画笔完成各种选项设置。另外，学会通过拾色器更改前景色或背景色,完成图案颜色的填充。

项目三　矢量图形的绘制和编辑

一、项目概述

1．项目描述

任务一为某电商企业临近节日需策划促销活动,需要制作如图 2-3-4 所示的简单礼盒,经分析该礼盒的主体可以通过形状工具组绘制,填充色主要是纯色和线性渐变。最后顶部再配上装饰花。

任务二是一幅洗面奶广告。其中瓶身是使用"钢笔工具"和"渐变工具"绘制的,然后再添加相关的文字和细节,得到更为逼真的效果。

2．学习目标

(1)掌握形状工具组中各工具及其属性栏属性设置;

(2)掌握钢笔工具组和路径选择工具组中的工具功能及操作方法;

(3)熟练掌握渐变色的编辑和填充方法。

二、相关知识

1．形状工具组

形状工具组中包含如图 2-3-1(a)所示的多个形状工具,选择一种形状工具时会出现该工具的属性栏,如图 2-3-1(b)所示,在其中可以进行选项的选择或设置,如图 2-3-1(c)所示,选择绘制方式为形状、路径或像素。选择"形状图层"选项表示绘制图形时将创建形状层,此时所绘制的形状将被放置在形状层的蒙版中。选择"路径"选项表示绘制时将创建工作路径,不生成形状。选择"填充像素"选项表示绘制时在原图层上生成位图。

"自定形状工具"可以绘制 Photoshop 预设的形状、自定义的形状或者是外部提供的形状,如箭头、月牙形和心形等形状。有些图案如果要反复使用而预设中没有,用户也可将已编辑好的图形保存为自定形状,以便日后使用。方法是:在"图层"调板中选中该图形的缩略图或将选区转换为路径后选择其为工作路径,然后选择"编辑→定义自定形状"菜单项,在弹出的"形状名称"对话框中命名形状并单击"确定"按钮,即可将图形保存到"自定形状工具"属性栏的"形状"下拉面板中,如图 2-3-2 所示。

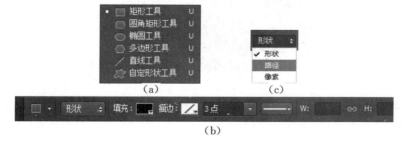

图 2-3-1　形状工具组及形状工具属性栏

图 2-3-2　创建自定义形状的过程

2.钢笔工具组和路径选择工具组

　　利用 Photoshop 的钢笔和路径选择工具组(见图 2-3-3)中的工具可以绘制任意形状或路径。用钢笔工具可以创建路径,在生成第一个锚点后,移动鼠标到另一合适位置后,左击鼠标生成第二个锚点后不松开并拖动鼠标即可拖出调节杆改变路径曲率,按【Alt】键的同时单击锚点即可取掉锚点右侧的调节杆继续描下一个锚点。用转换点工具可以编辑路径,如按【Ctrl】键的同时拖动锚点,即可移动锚的位置。利用"直接选择工具"可选择并移动路径上的一个或者多个节点,而"路径选择工具"用来移动整个路径。

图 2-3-3　钢笔工具组和路径选择工具组

三、项目实施(可分解为多个任务)

任务一:礼盒制作

图 2-3-4 所示为礼盒效果图。

图 2-3-4　礼盒效果图

制作步骤如下：

步骤 1：新建一个 600 像素×600 像素的白色背景文件，如图 2－3－5 所示。显示标尺和网格。

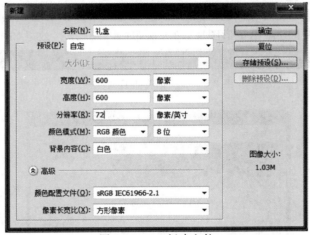

图 2－3－5　新建文件

步骤 2：用钢笔工具绘制一个梯形路径（或选择矩形工具绘制一个路径再编辑），如图 2－3－6 所示。新建"图层 1"，按路径面板下方"路径转换为选区"按钮 ，将路径转换为选区。

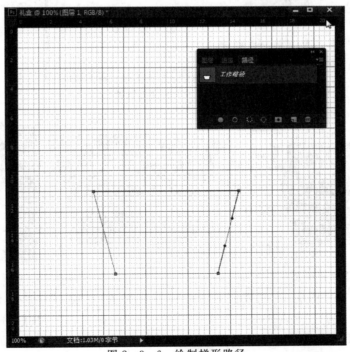

图 2－3－6　绘制梯形路径

步骤 3：选择"渐变工具"按钮 ，在图 2－3－7 所示属性栏中单击"渐变编辑器"按钮 ，打开"渐变编辑器"，如图 2－3－8 所示，在"预设"列表中选择一种双色渐变样式，选择色条下方左侧的"色标"按钮 后，在"色标"选框中单击"颜色"色块，打开拾色器，设置颜色为#6AA237,同理,设置右侧颜色为#416822,编辑好后按"确定",在渐变工具属性栏中选择"线性渐变"按钮 ，从上到下拉出渐变,结果如图2-3-9所示。

步骤4:按【Ctrl+D】组合键取消选区。新建"图层2",选择形状工具组中的"矩形工具",并选择"像素",在梯形上方画出矩形图层,填充颜色(#54812E),效果如图2-3-10所示。

图2-3-7 渐变工具属性栏

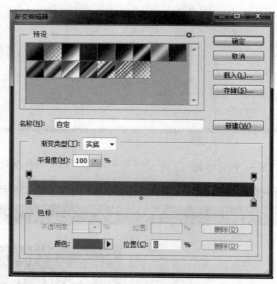

图2-3-8 渐变编辑器

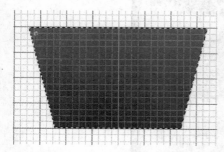

图2-3-9 用渐变色填充

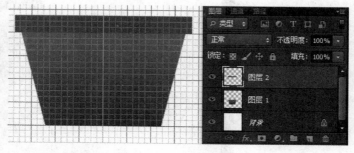

图2-3-10 绘制矩形

步骤5:新建一个"图层3",再绘制一个矩形选区,放在"图层2"矩形的上方位置,用渐变色填充,渐变色设置为:左#A2D84C,右#6A9E30的线性渐变,后再按【Ctrl+T】组合键,右击鼠标弹出快捷菜单后选择"透视",拖拽右上角的变换点使矩形变为梯形,结果如图2-3-11所示。

步骤6:用"矩形选框工具"在"图层3"梯形的中上部建立一个高度较小的选框,按【Ctrl+C】组合键复制被选中的部分,再按【Ctrl+V】组合键粘贴,生成"图层4",按【Ctrl】键的同时单击图层面板上该图层左边的缩略图,载入选区,如图2-3-12所示。选择"渐变工具"并编辑渐变(左:#FDECA9,右:FAD43C),拉出线性渐变,效果如图2-3-13所示。

　　用"矩形工具"在"图层 4"上建立矩形选区,进行渐变填充,盒盖上渐变色(左:♯C58301,右:♯FADC48)编辑为线性渐变;盒体上(左:♯E4A800,右:♯926801)线性渐变;盒盖和盒体中间过渡部分建立较小的矩形选区,方法同上,设置颜色(左:♯FEEFB0,右:♯F6D454),拉出线性渐变,效果如图 2-3-14 所示。

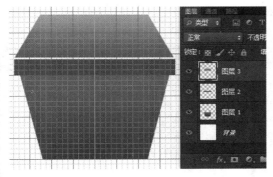

图 2-3-11　编辑"图层 3"中的梯形

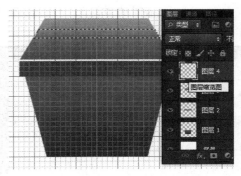

图 2-3-12　建立"图层 4"并载入选区

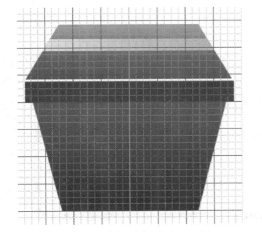

·图 2-3-13　渐变色填充选区

图 2-3-14　编辑"图层 4"竖向丝带

　　步骤 7:打开"素材/模块二素材/2.3 素材"中的"素材 1"文件,用"魔棒工具"选择白色区域(属性栏选择"连续"选项),再通过"选择→反向"进行区域反选,用"移动工具"拖拽到礼盒中,按【Ctrl＋T】组合键进行缩放,摆在礼带的上边,隐藏网格线,效果如图 2-3-4 所示。

任务二:制作洗面奶广告

　　该任务的完成共分为三部分,即绘制整个瓶子、添加文字和细节处理。制作步骤如下:

1. **步骤 1~11 绘制整个瓶子**

　　首先新建图像文件,然后使用"钢笔工具""渐变工具"等绘制洗面奶瓶子的基本效果。操作步骤如下:

　　步骤 1:新建一个空白图像文件,设置宽度和高度为"700 像素×1000 像素",分辨率为"300 像素/英寸"。

　　步骤 2:选择工具箱中的"渐变工具",编辑双色渐变,颜色设置为"R＝201,G＝201,B＝201"和"R＝241,G＝241,B＝241",选择径向渐变填充。

　　步骤 3:新建图层,选择工具箱中的"钢笔工具"绘制瓶身,并填充为"R＝212,G＝212,B＝

212",效果如图 2-3-15 所示。

　　步骤 4:新建图层,选择工具箱中的"钢笔工具"绘制瓶盖,并填充为"RGB:202,202,186"。

　　步骤 5:将瓶盖所在图层载入选区,选择工具箱中的"渐变工具",分别设置颜色为"RGB:253,220,186"和"RGB:247,161,66",然后选择"线性渐变填充",效果如图 2-3-16 所示。

　　步骤 6:使用相同的方法填充瓶身,颜色依次设置为"RGB:231,231,231"和"RGB:231,231,231",效果如图 2-3-16 所示。

图 2-3-15　钢笔工具绘制瓶身　　　　　　图 2-3-16　瓶盖和瓶身的渐变填充

　　步骤 7:新建图层,使用"钢笔工具"如图 2-3-17 所示路径,然后将其进行线性渐变填充,颜色依次设置为"RGB:100,135,3"和"RGB:180,240,18"。

　　步骤 8:打开"素材/模块二素材/2.3 素材/洗面奶素材/苹果 1.jpg"图像文件,然后利用"快速选择工具"选中苹果的图像,将其拖动到要编辑的图像窗口中,如图 2-3-18 所示。

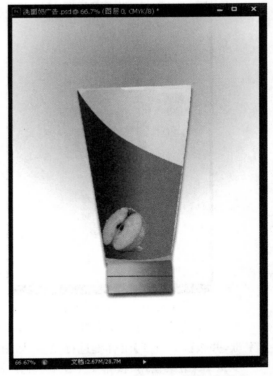

图 2-3-17 绘制路径并填充　　　　　　图 2-3-18 拖入"苹果1"，编辑瓶盖横线

步骤 9：选择工具箱中的"圆角矩形工具"，设置圆角半径为30px，绘制一个圆角矩形；将路径载入选区，新建图层，然后填充颜色为"RGB：160，70，0"。

步骤 10：使用"钢笔工具"绘制一条水平路径，然后使用画笔描边路径，设置直径为 3 像素，颜色为"RGB：100，45，0"。

步骤 11：新建图层，使用"钢笔工具"在瓶身上绘制路径，并填充前景色为白色，将图层的"不透明度"设置为 20%，效果如图 2-3-19 所示。

2.步骤 12～17 添加文字

绘制好瓶子后，使用文字工具添加相关文字。

操作步骤如下：

步骤 12：选择工具箱中的"横排文字工具"，在图像中输入文字，设置字体为"幼圆"，字号大小为"16 点"，颜色为"黑色"，如图 2-3-20 所示。

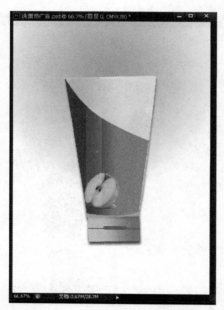

图2-3-19 绘制瓶身"高光部分"　　　　图2-3-20 编辑文字"肤颜"

　　步骤13：在文字的下方绘制矩形选区，并填充为"黑色"，然后使用"横排文字工具"输入英文字母，并按【Ctrl＋T】组合键进行变换，如图2-3-21所示。

　　步骤14：继续使用"横排文字工具"在汉字的旁边输入文字"洗面奶"，字体与前面的相同，字号大小为4点，颜色为"黑色"，如图2-3-21所示。

　　步骤15：新建图层，选择工具箱中的"钢笔工具"，在瓶身的右上角处绘制路径，并填充为"黑色"。

　　步骤16：选择工具箱中的"横排文字工具"，在右上角输入文字，设置字体为"arial"，字号大小为"4点"，颜色为"白色"，其中文字"30％"的字号大小为"6点"，如图2-3-22所示。

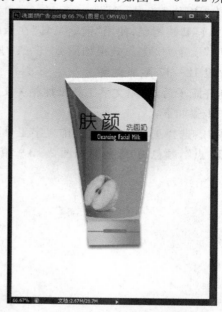

图2-3-21 编辑文字"洗面奶"　　　　图2-3-22 编辑瓶身右上角黑色区域

步骤 17：使用相同的设置输入产品的其他相关文字，效果如图 2-3-23 所示。

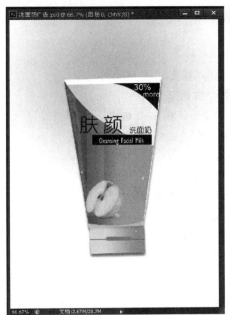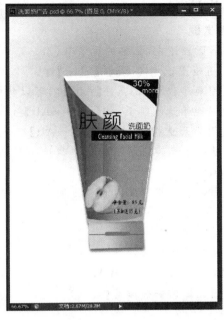

图 2-3-23　洗面奶效果图

3. 步骤 18～19 制作细节

步骤 18：打开"苹果 2.jpg"图像文件，将苹果图像拖动到编辑的图像窗口中。

步骤 19：新建图层，填充颜色为"RGB：53，53，53"，然后使用橡皮擦工具擦除中间区域，将图层的不透明度设置为"77％"，混合模式为"柔光"，完成制作，效果如图 2-3-24 所示。

四、项目小结

通过以上两个任务的学习，可以熟练掌握"钢笔工具"、"渐变工具"、文字工具组等工具以及图像的移动、复制等操作方法和技巧，并熟悉了渐变色的编辑和应用。

图 2-3-24　最终效果图

练习题

一、单选题

1. 在下面表述中,正确的说法有(　　)。

A. 使用矩形选框工具,按【Shift】键,可以从中心拖出正方形

B. 使用矩形选框工具,按【Alt】键,可以从中心拖出正方形

C. 使用矩形选框工具,按【Shift+Alt】组合键,可以从中心拖出正方形

D. 使用矩形选框工具,按【Ctrl+Alt】组合键,可以从中心拖出正方形

2. 要从一个已建立好的选区中减选一部分区域,应按(　　)键。

A. Shift　　　　　　　B. Ctrl　　　　　　　C. Alt　　　　　　　D. Del

3. 下面(　　)选择工具可以方便地选择连续的、颜色相近的区域。

A. 矩形工具　　　　　　　　　　　B. 椭圆工具

C. 套索工具　　　　　　　　　　　D. 魔棒工具

4. 魔棒工具的快捷键是(　　)。

A. M　　　　　　　　B. W　　　　　　　C. C　　　　　　　D. B

5. 取消选区的快捷键为(　　)。

A. Ctrl + D　　　　　　　　　　　B. Alt + D

C. Ctrl + E　　　　　　　　　　　D. Alt + E

6. 要再次载入刚刚取消的选区,可以按(　　)快捷键。

A. Ctrl+D　　　　B. Ctrl+Alt+D　　　C. Ctrl+Shift+D　　D. Ctrl+C

7. 反向选择的快捷键是(　　)。

A. Ctrl+Alt+I　　　B. Ctrl+Shift+I　　　C. Shif+Alt+I　　D. 都不是

8. 建立选区时如果未提前设定羽化,或使用的选取方法不包括羽化功能,在选区被激活的状态下可弥补的方式是(　　)。

A. 滤镜/羽化　　　　　　　　　　B. Ctrl+Alt+D

C. 滤镜/模糊/羽化　　　　　　　　D. 选择/修改/羽化

9. 自由变换的快捷键是(　　)。

A. Ctrl+C　　　　　B. Ctrl+A　　　　　C. Ctrl+T　　　　D. Ctrl+V

10. 执行"自由变换""旋转"时,加按【Shift】键,限定每旋转一次相对增加(　　)度。

A. 15　　　　　　B. 30　　　　　　C. 45　　　　　　D. 60

11. 执行"自由变换""缩放"时,加按(　　)键,可以使图像长和宽比例保持不变。

A. Shift　　　　　B. Alt　　　　　　C. Ctrl　　　　　　D. Esc

12. 前景色和背景色相互转换的快捷键是(　　)。

A. X 键　　　　　　B. Z 键　　　　　　C. A 键　　　　　D. Tab 键

13. 填充前景色的组合键是(　　)。

A. Ctrl+Alt+D　　　　　　　　　B. Ctrl+D

C. Alt+Del　　　　　　　　　　　D. Ctrl+Del

14. 绘制标准五角星使用(　　)工具。

A. 喷枪　　　　　　B. 多边形索套　　　C. 铅笔　　　　　D. 多边形

15.自定义形状工具组的属性栏中,绘图模式中没有( )。

A. 路径　　　　　　　　　　　　　　B. 形状

C. 智能对象　　　　　　　　　　　　D. 像素

16.在使用画笔工具进行绘图的情况下,可以通过( )组合键快速控制画笔笔尖的大小。

A. "＜"和→　　　　　　　　　　　　B. "—"和"＋"

C. "［"和"］"　　　　　　　　　　　D. "Page Up"和"Page Down"

17.在 Photoshop 中切换到全屏编辑的是键盘上的( )键。

A. Ctrl＋F　　　　B. F　　　　　　C. Tab　　　　　D. Alt

18.能以 100% 的比例显示图象的方法是( )。

A.在图象上按住【Alt】键的同时单击鼠标　B.选择"视图→满画布显示"命令

C.双击手形工具　　　　　　　　　　D.双击缩放工具

19.下面工具中,( )不属于钢笔工具组。

A."钢笔"工具　　　　　　　　　　　B."路径选择"工具

C."自由钢笔"工具　　　　　　　　　D."添加锚点"工具

20.在"路径"面板中,可以进行的操作是( )。

A. 删除路径　　　　　　　　　　　　B. 路径转换为选区

C.用画笔为路径描边　　　　　　　　D. 以上都可以

21.在按住【Alt】键的同时,使用( )工具将路径选择后拖拉该路径将会将该路径复制。

A. 钢笔工具　　　B. 自由钢笔工具　　C. 直接选择工具　　D. 移动工具

22.显示"画笔"调板的快捷键是( )。

A. F5 键　　　　　B. F4 键　　　　　C. F2 键　　　　　D. F6 键

23.下面( )选项不属于"画笔"调板。

A. 形状动态　　　　B. 颜色动态　　　C. 其他动态　　　　D. 散布

24.使用渐变工具可以绘制出( )种类型的渐变。

A. 3 种　　　　　　B. 4 种　　　　　C. 5 种　　　　　D. 6 种

25.当要确认裁切范围时,需要在裁切框中双击鼠标或按键盘上的( )键。

A. Enter　　　　　B. Esc　　　　　　C. Tab　　　　　D. Shift

二、多选题

1.修改命令是用来编辑已经做好的选择范围,它提供的功能有( )。

A. 扩边　　　　　　B. 扩展　　　　　C. 收缩　　　　　D. 羽化

2.变换选区命令可以对选择范围进行( )编辑。

A. 缩放　　　　　　B. 变形　　　　　C. 不规则变形　　D. 旋转

3.路径是由( )组成的。

A. 直线　　　　　　B. 曲线　　　　　C. 锚点　　　　　D. 像素

4.下面选项属于选框创建工具组的是( )。

A. 矩形工具　　　　　　　　　　　　B. 椭圆形工具

C.魔术棒工具　　　　　　　　　　　D. 套索工具

5.对于魔术棒工具可以设置的选项有( )。

A.取样点　　　B.容差　　　C.消除锯齿　　　D.连续　　　E.对所有图层取样

6.画笔笔尖形状包括的设置有(　　)。

A.笔尖大小　　B.硬度　　　C.间距　　　　D.透明度　　E.角度和圆度

7.下面的工具选项可以将图案填充到选区内的是(　　)。

A.画笔工具　　　　　　　　B.图案图章工具

C.橡皮工具　　　　　　　　D.油漆桶工具

三、判断题(正确的请在题后的括号内划"√",错误的划"×")

1.选区和路径都必须封闭。　　　　　　　　　　　　　　　　　　　(　　)

2.Photoshop CS6中,不能对矢量对象进行编辑。　　　　　　　　　　(　　)

3.在Photoshop中,使用"羽化"效果后图形边缘的模糊程度的大小与所设置的羽化值的大小成正比,羽化值设置越大,图像边缘就会越虚。　　　　　　　　　　(　　)

四、填空题

1.在Photoshop中,当设计师需要将当前图像文件的画布旋转12度时,可执行菜单命令"图像→旋转画布→＿＿＿＿＿＿＿＿＿＿＿＿＿＿＿"。

2.在Photoshop中,取消当前选择区的快捷组合键是＿＿＿＿＿＿＿＿＿＿＿＿＿,对当前选区进行前景色填充的操作快捷键是＿＿＿＿＿＿＿＿＿＿＿＿。

3.在Photoshop中,如果希望准确地移动选区,可通过方向键,但每次移动一次方向键,选择区只能移动＿＿＿＿＿＿像素。如果希望每按一次方向键选择区移动10像素,那么在移动选择区时需按住＿＿＿＿＿＿＿＿＿键。

4.在Photoshop中,如果想使用"矩形选择工具→椭圆选择工具"画出一个正方形或正圆,那么需要按住＿＿＿＿＿＿＿键。

5.在Photoshop中执行菜单命令"编辑→填充"后,可对当前选择区或图像画布进行前景色、＿＿＿＿＿＿＿、自定义颜色、＿＿＿＿＿＿＿＿等内容的填充。

6.在Photoshop中,使用"渐变"工具可创建丰富多彩的渐变颜色,如线性渐变、径向渐变、＿＿＿＿＿＿、＿＿＿＿＿＿与＿＿＿＿＿＿。

7.在Photoshop中,菜单"编辑→自由变换"的快捷组合键是＿＿＿＿＿＿＿＿,菜单"编辑→填充"的快捷组合键是＿＿＿＿＿＿＿＿＿,"编辑→粘贴入"的快捷组合键是＿＿＿＿＿＿＿＿＿＿＿。

8.路径最基本的单元是路径段与＿＿＿＿＿＿＿＿,在编辑路径的形状时,一般使用＿＿＿＿＿＿＿＿＿工具。

9.在Photoshop中绘制多边形矢量对象时,多边形的边数应该是＿＿＿＿＿＿＿＿至＿＿＿＿之间的整数。

10.在Photoshop中,取消当前选择区的快捷组合键是＿＿＿＿＿＿＿＿＿,对当前选择区进行羽化操作的快捷组合键是＿＿＿＿＿＿＿＿。

模块三　图像色彩色调调整及修饰

 模块导读

　　我们在采集素材的时候由于摄影水平、光线、环境条件等因素的影响，或者由于被拍物件本身存在一些不足，得到的图片可能存在色彩色调不匹配、不该出现的元素、局部不完美等问题，需要对其进行色彩色调调整及修饰处理；在进行网站页面设计时，用到的多幅图片素材色调不一致，显得版面杂乱缺乏美感，需要进行调彩调和等。Photoshop 在这方面表现出了强大的功能，可以通过"图像→调整"命令完成色彩色调的调整，通过工具箱中的部分工具完成图像局部的修饰处理。另外，根据图形图像的处理需要，进行色彩模式的转换等。

学习目标

知识目标：

1. 掌握 Photoshop CS6"图像→调整"菜单中常用色彩色调调整技术；
2. 掌握 Photoshop CS6 中"图像→模式转换"技术；
3. 掌握 Photoshop CS6 工具箱中图形图像修饰相关工具。

能力目标：

1. 能合理选择"图像→调整"菜单命令及相关参数，完成图形图像的色彩色调调整；
2. 能运用色调调整技术进行网页等版面的色调调和；
3. 能根据图形图像的处理需要，正确选择图形图像的色彩模式，或进行色彩模式的转换；
4. 能正确地选择并运用图形图像修饰工具进行图形图像的局部修饰。

项目一　图像的色彩色调调整基础

一、项目概述

1. 项目描述

　　Photoshop CS6 提供了丰富的色彩色调调整命令，位于"图像→调整"菜单项中，如图 3-1-1 所示。利用这些命令，可以非常方便地调整图像的色彩、亮度、对比度等，使图片色彩更加亮丽，或调整一幅图的色调，以及调和一个版面的色调。

图 3-1-1　色彩色调调整菜单

通过任务一"打造金边蓝色妖姬"的完成,进一步学习选区的创建和编辑方法,重点掌握"图像→调整→色相/饱和度"等菜单命令,通过调整色相、饱和度改变对象的颜色等。

通过任务二"让晨曦效果更好"的完成,认识和掌握"图像→调整→亮度/对比度""图像→调整→曲线"等色调命令的使用方法。

2.学习目标

(1)掌握图形图像色彩色调调整的基本知识和常用命令;

(2)能正确选择"调整"中的菜单命令对图像的色彩色调进行调整。

二、相关知识

1.直方图

直方图是通过柱状图来表示图像的每个亮度级别的像素数量,展示不同色调的像素在图像中的分布情况。直方图的左侧部分显示阴影中的细节,中间部分显示中间色调细节,右侧部分则显示图像的高光细节。直方图还提供了图像色调范围或图像的基本色调类型的快速浏览图。图像拍摄时的曝光度不同,得到的图像细节分布范围也不同,曝光不足的图像集中在左侧,曝光过度的集中在右侧。

在 Photoshop 中,可以使用"直方图"面板查看图像信息,如图 3-1-2 所示。也可以通过"图像→调整"菜单中的"色阶"和"曲线"等命令查看和调整图像色调。

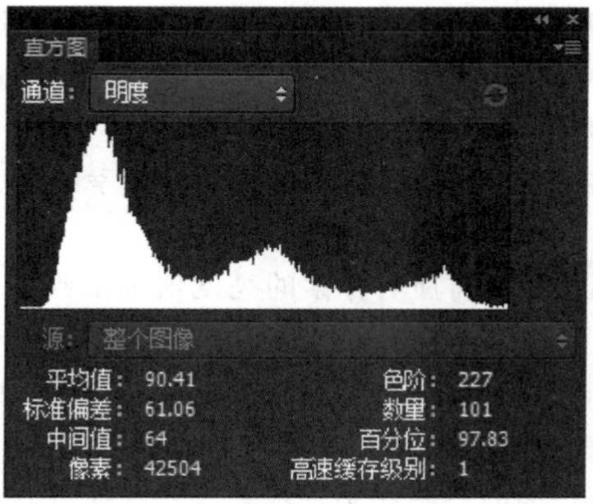

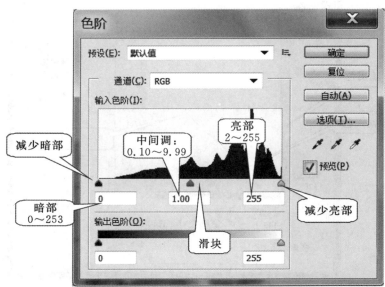

图 3-1-2　"直方图"面板

2.色阶和色调

利用"色阶"命令,可以通过有针对性地选择图像的暗调、中间调和高光的强度级别来校正图像。选择"图像→调整→色阶"命令,或按【Ctrl＋L】组合键,可打开"色阶"对话框,如图 3-1-3 所示。

图 3-1-3　"色阶"对话框

(1)输入色阶。该项设置可以定义图像中最暗、中间调和最亮的分布情况。

①暗部(0～253):增加图像的暗部色调。

②中间调(0.10～9.99):控制图像的中间色调,当它减小时,图像会变得较深。不管是增加还是减少中间值,都会降低图像的对比度,因为图像调整后会提高或降低灰色阶的颜色,而不是调整图像中最深或最浅的像素。

③亮部(2～255):增加图像的亮部色调。

利用滑块或输入数值,都可调整输入以及输出的色阶值,也就可以对指定的通道或图像的明暗度进行调整。

（2）输出色阶。该项设置可以限制图像的亮度范围。左边的滑块可以调整暗部色调，右边的滑块可以调整亮部色调，因此，输出色阶与输入色阶的功能相反。

（3）使用三个吸管工具调整。

①黑色吸管：用该吸管在图像中单击，将图像中所有像素的亮度值减去吸管单击处的图像亮度值，使图像变暗。

②白色吸管：与黑色吸管相反，将所有像素的亮度值加上吸管所点中的像素亮度值，提高图像的亮度。

③灰色吸管：用该吸管所点中的像素中的亮度值调整图像的色彩分布。

3.曲线

"曲线"命令是使用非常广泛的色调控制方式。其原理和"色阶"功能的原理相同，且比"色阶"命令作了更多、更精密的设置。

"曲线"命令除了可以调整图像的亮度以外，还可调整图像的对比度和控制色彩等功能。执行"图像→调整→曲线"命令或快捷键【Ctrl＋M】打开"曲线"对话框，如图 3－1－4 所示。

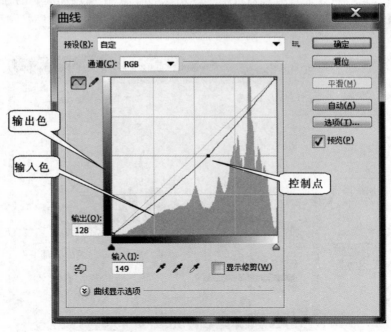

图 3－1－4　"曲线"对话框

（1）色调曲线图。

色调曲线图由 X 轴和 Y 轴组成。X 轴表示图像的原始亮度，Y 轴表示调整后图像的亮度，改变表格中线条形状即可调整图像的亮度、对比度和色彩平衡等效果。

（2）曲线上的控制点。

直接在曲线上某处单击，即可新增一个控制点；若增加的控制点不要了，将其拖到曲线图以外的地方即可。若按着【Shift】键单击多个控制点，则这些控制点同时被选中。

4.亮度和对比度

"亮度和对比度"命令是个快速、简单的色彩调整命令，如图 3－1－5 所示，它可调整整个图像中的亮度和颜色对比度,在调整的过程中,会损失图像中的一些颜色细节。拖动"亮度"滑块可以改变亮度,拖动"对比度"滑块可以改变对比度,调节的同时可以预览到图像亮度和对比度的变化。

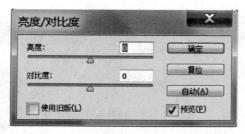

图 3-1-5 "亮度/对比度"对话框

5.色相和饱和度

"色相/饱和度"命令不仅可以调整整个图像中颜色的色相、饱和度和亮度,还可以针对图像中某一种颜色成分进行调整。调整的图像,会给人一种颜色饱满、色调明亮的感觉,还可以给像素指定新的色相和饱和度,实现给灰度图像染上色彩的功能。

执行"图像→调整→色相/饱和度"命令,打开"色相/饱和度"对话框,如图 3-1-6 所示。

图 3-1-6 "色相/饱和度"对话框

色相:调节图像中一种颜色的色相,范围为-180~180。

饱和度:增大或减少图像中一种颜色的饱和度,范围为-100~100。

明度:调整颜色的亮度。最左边为黑色,最右边为白色。

着色:将图像转化为单一色调,可以为图像着上灰色和各种单色。

选中 工具后,在图像窗口单击,可选中一种颜色作为色彩变化的基本范围。

选中 工具后,在图像窗口单击,可在原有色彩变化范围上加上当前单击的颜色范围。

选中 工具后,在图像窗口单击,可在原有色彩变化范围上减去当前单击的颜色范围。

6.调整图层

不包含任何图像信息,只包含一种色彩调整信息,通过调整图层可以任意调整下一图层的颜色信息,但不会使图像的像素被破坏。创建方法是执行"图层→新建调整图层"菜单命令,在弹出的子菜单中选择需要的色彩调整方式即可。

三、项目实施

任务一：打造金边蓝色妖姬

步骤1：打开"素材/模块三素材/3.1素材/红玫瑰"文件，如图3-1-7所示。

图3-1-7 素材"红玫瑰"

步骤2：在工具箱中选择"魔棒工具"按钮 ，容差75，然后点击选择找到选取相似，结果如图3-1-8所示。

图3-1-8 利用"魔棒工具"选择相似选区

步骤3：执行"图像→调整→色相/饱和度"菜单命令，弹出"色相/饱和度"对话框，按图3-1-9所示参数进行设置，效果如图3-1-10所示。

图 3-1-9 "色相/饱和度"对话框

图 3-1-10 调整色相后的效果

步骤 4:加金边。我们可以看到花色全部变蓝,但选区周围还有红色的像素影响美观,给它加个金边可以装饰一下。出现"边界"对话框,设置边界宽度为 10 像素,如图 3-1-11 所示。再执行"选择→修改→羽化"命令,设置羽化值为 2 像素,如图 3-1-12 所示。

图 3-1-11 "边界选区"对话框　　　　图 3-1-12 "羽化选区"对话框

结果如图 3-1-13 所示。

图 3-1-13 建立的边界选区

步骤 5：把前景色设置为 RGB：241 232 83，然后按【Alt＋Del】组合键，填充，再按【Ctrl＋D】组合键取消选区，效果如图 3-1-14 所示。

图 3-1-14 金边蓝色妖姬效果图

任务二:让晨曦效果更好

步骤1:打开"素材/模块三素材/3.1素材"中的"树根",如图3-1-15所示。

图3-1-15 "树根"素材

步骤2:执行"图像→调整→亮度/对比度"菜单命令,弹出"亮度/对比度"对话框,参数设置为亮度42,对比度-50,画面变明亮,暗部变少,效果如图3-1-16所示。

图3-1-16 设置明亮度和对比度后的效果

步骤3:执行"图像→调整→曲线"菜单命令,弹出"曲线"对话框,在其中设置"曲线"命令的参数如图3-1-17所示,结果如图3-1-18所示。

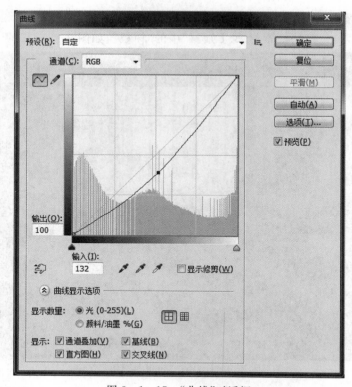

图 3-1-17 "曲线"对话框

图 3-1-18 "曲线"调整后的效果

　　步骤4：单击"图层"调板下方的"创建新的填充或调整图层"按钮 ⬭，在快捷菜单中选择"纯色"命令，弹出"拾色器"对话框，将颜色设置为绿色(RGB：53 180 92)，单击"确定"。

步骤 5：此时，在图层面板中出现"颜色填充 1"，将填充层的不透明度设置为 10％，如图 3-1-19 所示，可看到整个图像的明亮度提高了，而且泛出淡淡的绿色，晨曦效果更好，赋有生机。

图 3-1-19　添加"颜色填充 1"调整图层后的效果

四、项目小结

1. 常用色彩色调调整命令

（1）亮度/对比度；

（2）曲线；

（3）创建新的填充或调整图层。

2. 应用调整图层

调整图层可将颜色和色调调整应用于图像，而不会永久更改像素值，调节图层一般是调节图层的亮度、透明度、光线强度和大小等。可以创建"色阶"或"曲线"调整图层，而不是直接在图像上调整"亮度/对比度"或"曲线""纯色""饱和度"等。

调整图层有以下优点：

（1）编辑不会造成破坏；

（2）编辑具有选择性；

（3）能够将调整应用于多个图像。

项目二　图像的色彩模式转换和色彩调整

一、项目概述

1. 项目描述

任务一是制作火焰字。专业的火焰图像分析有很复杂的数学公式计算，作为 Photoshop 的图像模拟可以做得简单一些，但需要明白燃烧点温度最高的位置颜色最亮，逐渐向外围扩散的火焰温度稍减,颜色变深。火焰的走向大致相同,每束分支火焰可以有轻微的偏移。"颜色表"下的"黑色"颜色跟火焰的颜色走向非常相似。分析清楚后,我们首先需要运用图形图像处理中的相关命令,制作出火焰字的造型,再在了解 Photoshop 色彩模式基本知识的基础上,利用色彩模式的转换来实现。

任务二是在原图基础上调整出绚丽的彩霞。主要应用"图层→新建调整图层→色相/饱和度"等命令进行图像色彩色调调整,应用"滤镜→渲染→云彩"等命令进行图像的渲染,使得图像的色彩效果达到版面主题的要求。

2.学习目标

(1)学习图形图像基本理论知识,如色彩模式和色域等;

(2)掌握图形图像色彩模式的转换方法及应用;

(3)学习掌握调整图层的相关知识和应用。

二、相关知识

1. Photoshop 常用的色彩模式及其转换

图像的色彩模式(Model)是色彩管理的先驱。要制作良好的图像处理作品,除了较好的图像分辨率之外,还必须根据需要选择色彩模式。常用的色彩模式有位图模式、灰度模式、RGB 模式、CMYK 模式、Lab 等。

(1)位图模式。

位图模式即黑白模式,只使用黑白两色表示像素,图像文件量较小。如果从色彩图像转换到位图模式,一般需要先将色彩图像转换为灰度模式去掉颜色信息后,再接着转换为位图模式,因为只有灰度模式可以转换为位图模式。

(2)灰度模式。

灰度模式不包含颜色信息,使用 256 级灰度值表示图像,0 表示黑色,255 表示白色。灰度模式可以和彩色模式直接转换,最常被应用在基础阶段制作图像,在图像模式应用得最广泛。

(3)RGB 模式。

Photoshop RGB 颜色模式使用 RGB 模型,并为每一个像素分配一个强度值。在 8 位/通道的图像中,色彩图像中的每一个 RGB(红色、绿色、蓝色)分量的强度值为 0(黑色)到 255(白色)。例如,亮红色使用 R 值 246、G 值 20 和 B 值 50。当所有这 3 个分量的值相等时,结果是中性灰度级;当所有分量的值均为 255 时,结果是纯白色;当这些值都为 0 时,结果是纯黑色。

RGB 图像使用 3 种颜色或通道在屏幕上重现颜色。在 8 位/通道的图像中,这 3 个通道将每个像素转换为 24(8 位×3 通道)位颜色信息。对于 24 位像素,这 3 个通道最多可以重现 1670 万种颜色/像素。对于 48 位(16 位/通道)和 96 位(32 位/通道)图像,每个像素可重现更多的颜色。新建 Photoshop 图像默认为 RGB,计算机显示器使用 RGB 模型显示颜色。这意味着在使用非 RGB 颜色模式(如 CMYK)时,Photoshop 会将 CMYK 图像转换为 RGB,以便在屏幕上显示。

尽管 RGB 是标准颜色模型,但是所表示的实际颜色范围仍因应用程序设备而异。Photoshop 中的 RGB 颜色模式会根据在"颜色设置"对话框中指定的工作空间的设置而不同。

(4)CMYK 模式。

在 CMYK 模式下,可以为每个像素的每种印刷油墨指定一个百分比值。为最亮(高光)颜色指定的印刷油墨颜色百分比较低;而为较暗(阴影)颜色指定的百分比较高。例如,亮红色可能包含 2％青色、93％洋红、90％黄色和 0％黑色。在 CMYK 图像中,当 4 种分量的值均为 0％时,就会产生纯白色。

在制作要用印刷色打印的图像时,应用 CMYK 模式。将 RGB 图像转换为 CMYK 即产生分色。如果从 RGB 图像开始,则最好先在 RGB 模式下编辑,然后在编辑结束时转换为 CMYK。在 RGB 模式下,可以使用"校样设置"命令模式查看转换后的效果,而无需真正更改图像数据。也可以使用 CMYK 模式直接处理从高端系统扫描或导入的 CMYK 图像。

(5)索引模式。

索引模式使用 256 种颜色表示图像,当一幅 RGB 或 CMYK 的图像转化为索引颜色时, Photoshop 将建立一个 256 色的色表来储存此图像所用到的颜色,因此索引色的图像占硬盘空间较小,但是图像质量不高,适用于多媒体动画和网页图像制作。

(6)Lab 模式。

CIE Lab 颜色模型基于人对颜色的感觉。Lab 中的数据值描述正常视力的人能够看到所有颜色。因为 Lab 描述的是颜色的显示方式,而不是设备(如显示器、桌面打印或数码相机)生成颜色所需的特定色料的数量,所以 Lab 被视为与设备无关的颜色模型。色彩管理系统使用 Lab 作为色标,以将颜色从一个色彩空间转换到另一个色彩空间。

Lab 颜色模式亮度分量 L 的范围是 0～100,在 Adobe 拾色器和"颜色"面板中,a 分量(绿色—红色轴)和 b 分量(蓝色—黄色轴)的范围是＋127～－128。

Lab 图像可以储存为 Photoshop、Photoshop EPS、大型文档格式(PSB)、Photoshop PDF、 Photoshop Raw、TIFF、Photoshop DCS 1.0 或 Photoshop DCS 2.0 格式。48 位(16 位通道) Lab 图像可以储存为 Photoshop、大型文档格式(PSB)、Photoshop PDF、Photoshop Raw 或 TIFF 格式。

(7)HSB 模式。

HSB 模式将色彩分解为色相(hue)、饱和度(saturation)、明度(brightness)。色相指色彩颜色,即我们常说的红色、黄色等,在色环用 0～360 度表示;饱和度也称为色彩纯度或彩度,指颜色的纯度,即俗称的颜色鲜艳程度,可以用 0～100％表示,当饱和度为 0 时,即看不出颜色,只可能是黑色、白色或灰色,此时起决定作用的只有明度;明度使用黑白的百分比来度量,0 为黑色,100％为白色。在 Photoshop 中,任何对颜色的修改在本质上都修改了颜色的 HSB 值。

2.色域

色域指色彩范围,不同的颜色模式,其色域范围是不相同的。Lab 模式的色域最广,包括了 RGB 和 CMYK 色域中的所有颜色。RGB 为显示器所能显示的所有颜色,某些打印时很纯的颜色在显示器上就不能正确显示,CMYK 包括 4 色油墨能打印出来的颜色。前面提到在转换颜色模式时都可能造成颜色信息的丢失,这是因为转换模式时,目标模式不支持的颜色,也就是超出色域之外的颜色都将被调整到色域范围内。因此,在进行图像色彩模式转换时,应注意以下几点:

(1)在原模式下完成图像的所有编辑处理工作后,再进行模式转换;

(2)在转换之前应保留一个备份,最好包含各图层信息的模式;

(3)在转换之前将图层合并,避免图层混合模式在色彩模式变化后产生的作用关系也发生变换。

三、项目实施

任务一：火焰文字制作——色彩模式转换

步骤1：新建文件，大小为12厘米×15厘米，分辨率为200像素/英寸，颜色模式为RGB色，背景为白色，用前景色黑色填充画布。

步骤2：选择文本工具，输入"火焰字"文字，字体设为Monotype Corsiva（或其他特殊字体），字号为120点，选择"图层→栅格化→文字"命令，效果如图3-2-1所示。

图3-2-1　栅格化文字

步骤3：选择"图像→旋转画布→90度顺时针"命令，将图像旋转成如图3-2-2所示方向。

步骤4：执行"滤镜→风格化→风"命令，选择参数为"风"，方向"从左"，一次滤镜效果不明显，按住【Ctrl＋F】组合键多次重复执行风滤镜，执行5次后的效果如图3-2-2所示。

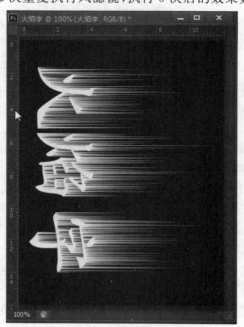

图3-2-2　重复执行"风"滤镜

步骤 5：选择"图像→旋转画布→90 度逆时针"命令，得到如图 3-2-3 所示的图像。

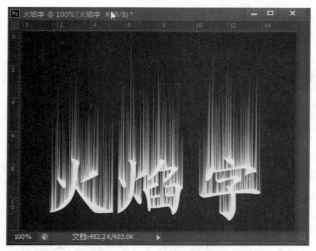

图 3-2-3　逆时针旋转 90 度

步骤 6：风滤镜得到的文字边缘线条比较生硬，不具备火焰文字特征，选择"滤镜→模糊→高斯模糊"命令，模糊半径为 3 个像素，得到如图 3-2-4 所示的图像。

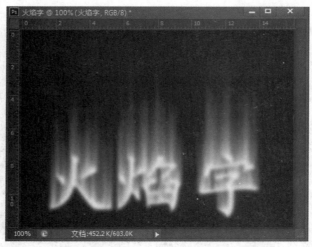

图 3-2-4　"滤镜→模糊→高斯模糊"

步骤7:选择涂抹工具抹出火焰走向,参数设置及效果如图3-2-5所示。

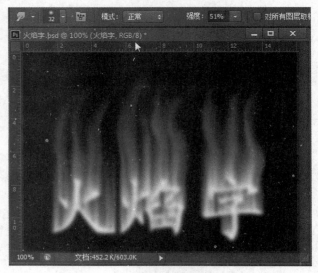

图3-2-5　用涂抹工具抹出的火焰走向

步骤8:执行"图像→模式→灰度"命令,拼合图层,图像色彩模式转换为灰度模式,如图3-2-6所示。

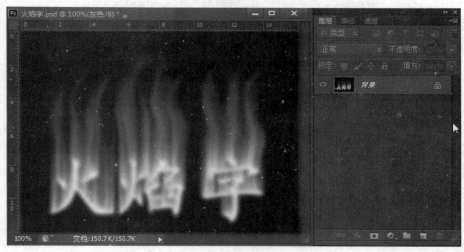

图3-2-6　图像色彩模式转换为灰色模式

步骤9:执行"图像→模式→索引颜色"命令,图像转换为索引模式。

步骤10:执行"图像→模式→颜色表"命令,弹出"颜色表"对话框,在其下拉列表框中选择"黑体",对话框及得到火焰文字效果如图3-2-7所示。

图 3-2-7 执行"颜色表"命令

步骤 11：执行"图像→模式→RGB 颜色"命令，图像转化为 RGB 模式。

步骤 12：选择文本工具，用与前面相同的设置再输入一次文字，执行"图层→栅格化→文字"命令，按【Ctrl】键的同时，单击缩略图载入选区，再执行"选择→修改→扩边"命令，如图 3-2-8所示。

图 3-2-8 载入选区并扩边

步骤13：执行"图层→图层样式→斜面与浮雕"图层样式，参数设置及效果如图3-2-9、图3-2-10所示。

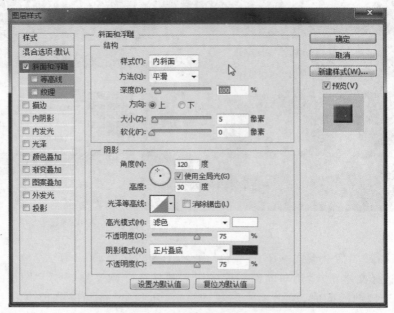

图3-2-9 "斜面与浮雕"图层样式

图3-2-10 火焰字最终效果

任务二：让彩霞更绚丽——应用调整图层

步骤1：打开"素材/模块三素材/3.2素材"中的"湖泊"图片，如图3-2-11所示。

图 3-2-11 "湖泊"素材

步骤 2：执行"图层→新建调整图层→可选颜色"，单击"确定"，生成"可选颜色 1"图层，如图 3-2-12 所示。

图 3-2-12 新建"可选颜色 1"调整图层

步骤 3：双击"可选颜色 1"图层左端的"缩略图"按钮，弹出"可选颜色"属性栏，在"颜色"选项分别选择黄色、绿色进行调整设置，参数设置及效果见图 3-2-13、3-2-14 所示。

图 3-2-13 设置"可选颜色"的属性"颜色"为黄色

图 3-2-14 设置"可选颜色 1"的属性"颜色"为绿色

步骤 4：执行"图层→新建调整图层→曲线"命令，生成"曲线 1"图层，双击"曲线 1"图层左端的缩略图，弹出"曲线"属性对话框，在其选项中选择不同的通道进行颜色调整。

（1）选择 RGB 通道，参数设置及效果如图 3-2-15 所示。

（2）再选择"红"通道进行调整，参数设置及效果如图 3-2-16 所示。

图 3-2-15 添加并设置"曲线"，调整图层的属性 RGB 通道

图 3-2-16 设置"曲线"，调整图层的属性"红"通道

步骤5:执行"图层→新建调整图层→通道混合器"命令,点击"确定"后生成"通道混合器1"图层,双击"通道混合器 1"图层左端的缩略图,弹出其属性对话框,分别对输出通道红、绿、蓝的参数进行设置,效果如图3-2-17所示。

图3-2-17 添加并设置"通道混合器1"图层

步骤6:执行"图层→新建调整图层→色相/饱和度"命令,单击"确定"后生成"色相/饱和度 1"图层,双击该图层左端的缩略图,弹出其属性对话框,参数设置及效果如图3-2-18所示。

图3-2-18 添加并设置"色相/饱合度 1"图层

步骤 7：建立云雾效果。新建"图层 1"，把前/背景颜色恢复到默认黑/白色，执行"滤镜→渲染→云彩"命令，并按【Ctrl＋Alt＋F】组合键加强多次，把图层面板中的图层混合模式设置为"滤色"，效果如图 3-2-19 所示。如果云彩不理想，可以用移动工具移动图层 1 的位置，还可以用大直径软笔头的橡皮擦薄太厚的云彩。

图 3-2-19　创建并编辑"图层 1"—云雾图层

步骤 8：执行"新建调整图层→可选颜色"命令，建立"填充或调整图层"，生成"可选颜色 2"图层，图层混合模式选择"柔光"，双击图层左端的缩略图，对红色及绿色进行调整，参数设置及效果如图 3-2-20、图 3-2-21 所示，最终效果如图 3-2-22 所示。

图 3-2-20　创建并设置"可选颜色 2"图层的属性颜色为"红色"

图 3-2-21 设置"可选颜色 2"图层的属性颜色为"绿色"

图 3-2-22 最终效果

任务三:让主题更突出——自行车广告

制作要点:调整图像的高度/对比度等参数,使图像的主体突出。为图层添加调整图层,改变图像的显示效果,使图像色调更加符合主题。

步骤 1:打开"素材/模块三素材/3.2 素材"中的"自行车.psd"文件,如图 3-2-23 所示。

图 3-2-23 "自行车.psd"素材

步骤 2：选中"背景"图层，执行"图层→调整→亮度/对比度"命令，然后设置参数并应用，效果如图 3-2-24 所示。

图 3-2-24 调整"亮度/对比度"

步骤 3：设置前景色为绿色(RGB:74,193,82)，执行"图层→新建调整图层→渐变映射"命令(见图 3-2-25)，应用即可，效果如图 3-2-26 所示。

图 3-2-25 选择"渐变映射"命令

图 3-2-26 执行"渐变映射"后的效果

步骤 4：选中"背景"图层，按【Ctrl＋A】组合键，再选"选择"菜单后，按 T 调节选区，在图像窗口绘制一个比图框稍小的选区，按【Ctrl＋J】组合键，复制选区内的图像，然后为其添加斜面和浮雕图层样式，如图 3-2-27 所示。

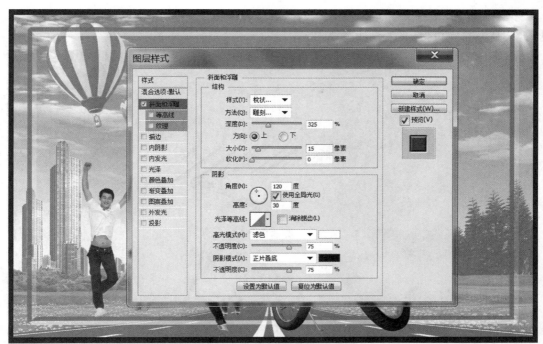

图 3-2-27　设置边框图层样式

　　步骤 5：选中"1"图层并复制。按【Ctrl＋T】组合键，单击鼠标右键，分别执行"垂直翻转"和"斜切"命令，并将图层 1 及图层 1 副本调整为如图 3-2-28 所示形状，将图像填充为黑色，设置不透明度为 25％，混合模式为"正片叠加"。

图 3-2-28　制作自行车"1"图形的阴影

步骤 6：使用"横排文字工具"在图像右上方输入说明性文字，并设置不同的文字格式。至此，此实例制作完成，最终效果如图 3-2-29 所示。

图 3-2-29 最终效果

四、项目小结

任务一制作"火焰字"时要特别注意将 RGB（或 CMYK）模式转换成灰度模式时，最佳的转换方法是：先将 RGB（或 CMYK）图像转换为 Lab 图像，因为 Lab 模式所能表现的色域比 RGB 模式大，因此这种模式转换过程不会丢失任何图像信息；然后再将 Lab 图像的明度通道转换为灰度图像，因为明度通道中存放的是整幅图像的亮度信息，可以产生原始图的灰度描述，而 A、B 通道存放的颜色信息对灰度图像没有任何意义。如果直接执行"图像模式灰度"命令也可将一幅 RGB（或 CMYK）图像转换为灰度图像，但是转换得到的图像色调不均衡。

注意：本项目制作中如直接将 RGB 模式转换为索引模式，则由于 RGB 的影响，利用颜色表中的信息会造成色彩偏差。当然为避免模式转换过程中的诸多环节，可以直接新建灰色模式图像，这样只要转换成索引模式即可。

完成任务二和任务三时，用到多种调整图层，如"图层→新建调整图层→曲线""可选颜色""通道混合器""色相/饱和度""渐变映射"等命令。

项目三　图像的修饰

一、项目概述

1. 项目描述

我们经常会在一些有意义的日子里拍照留作纪念,但是却往往有些不该出现的元素出现而在照片中无法排除,使得照片白玉有瑕。不要紧,PS 提供了几款工具,可以帮用户修掉不想要的元素。任务一是去除照片上蚊虫叮咬的痕迹,任务二是清理沙滩上的垃圾,任务三是给美女磨皮。

2. 学习目标

(1)掌握图片修复工具相关知识,并能灵活选用工具对图片进行修复和美化。

(2)掌握磨皮的方法和技巧。

二、相关知识

用于图片修复的工具组有以下几组:

(1)污点修复画笔工具组。Photoshop CS6 的修复工具组中包含"污点修复画笔工具"等五个工具,如图 3-3-1(a)所示,利用它们可以快速修复图片中存在的缺陷。

①"污点修复画笔"工具。该工具可以消除图像中的污点。在工具属性栏中设置属性,它可以自动从修复区域的周围取样像素,使被修复区域与周围的像素自然融合。

②"修复画笔"工具。在工具属性栏中设置属性,按住【Alt】键的同时单击斑点周围的图像进行取样,然后在斑点上单击或拖动鼠标,就可以把斑点去除了。

③"修补"工具。该工具是基于选区修复图像的。在图像中选中要清除的一块区域,然后拖动选区向旁边理想的区域移动即可。

④"内容感知移动"工具。该工具是 Photoshop CS6 的新增工具,使用该工具可以将选中的对象移动或复制(在属性栏中设置)到图像的其他地方,并重组与混合图像。

⑤"红眼"工具。使用"红眼"工具可以去除因照相机闪光灯导致的眼睛红色反光。单击工具箱中的"红眼"工具,在眼睛的红色部分画个小矩形即可。

(2)图章工具组。如图 3-3-1(b)所示,该工具组有仿制图章、图案图章两个工具。

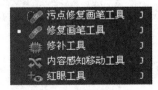

(a)污点修复画笔工具组

(b)图章工具组

(c)历史记录画笔工具组

(d)橡皮擦工具组

图 3-3-1　图像修复工具

（3）历史记录画笔工具组。如图3-3-1(c)所示，该工具组有历史记录画笔、历史记录艺术画笔两个工具。

（4）橡皮擦工具组。如图3-3-1(d)所示，该工具组有橡皮擦、背景橡皮擦、魔术橡皮擦三个工具。

三、项目实施

任务一：去除蚊虫叮咬的痕迹（污点修复画笔工具组）

方法一：用"污点修复画笔工具"修复

步骤1：打开"素材/模块三素材/3.3素材"中的"被蚊子叮咬照片"文件，如图3-3-2所示。

步骤2：在污点修复画笔工具组中选择"污点修复画笔工具"按钮，在其属性栏中参照图3-3-3所示的参数进行设置。

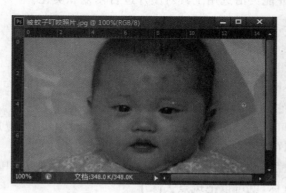
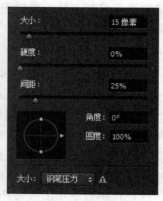

图3-3-2 "被蚊子叮咬照片"素材　　　　图3-3-3 工具参数设置

步骤3：用设置好的画笔对照片进行修复。在有斑点的地方用鼠标进行点击，斑点即可去除，修复后的效果如图3-3-4所示。

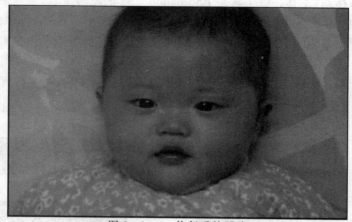

图3-3-4 修复后的照片

方法二：用"修复画笔工具"修复

步骤1：打开"素材/模块三素材/3.3素材"中的"被蚊子叮咬照片"文件。

步骤2：在污点修复画笔工具组中选择"修复画笔工具"按钮，在其属性栏中按图3-3-5所示的参数进行设置，再用设置好的画笔对照片进行修复。

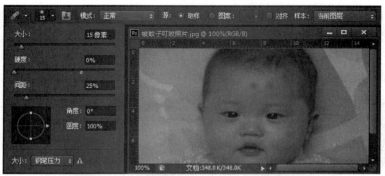

图 3-3-5　修复画笔工具属性栏及要修复的文件

步骤 3:按住【Alt】键来取样(用于修复污点的颜色区域),取样完成后,在斑点的地方用鼠标进行点击,斑点即可去除。重复步骤 2,重新调整画笔大小,再对小污点进行修复,修复后的效果如图 3-3-4 所示。

任务二:清理沙滩上的垃圾(使用"修补"工具)

步骤 1:打开"素材/模块三素材/3.3 素材"中的"沙滩上的垃圾.jpg"文件,如图 3-3-6 所示。

图 3-3-6　"沙滩上的垃圾"素材

步骤 2:选择污点修复画笔工具组中的"修补"工具,选择如图 3-3-7 所示属性栏中的单选按钮 ⚪源 ,在图像中选中要清除的一块垃圾,如图 3-3-8 所示,拖动选区向旁边干净的沙地移动即可隐去垃圾,重复这样的操作,结果如图 3-3-9 所示。

图 3-3-7　"修补"工具属性栏

图 3-3-8　选中要清除的一块垃圾

图 3-3-9　清除垃圾后

步骤3：选择属性栏中的单选按钮 目标 。

任务三：给美女磨皮

步骤1：打开"素材/模块三素材/3.3 素材/雀斑美女"文件，选择"滤镜→模糊→高斯模糊"，半径值为 2.0 像素（参数值调整依具体情况而定到完全看不清脸上的斑为止），如图 3-3-10 所示。

图 3-3-10　高斯模糊后的人像

步骤2：点击右侧"历史记录"面板下侧的"创建新快照"按钮 ，建立"快照 1"将模糊后的效果记录，单击"快照 1"前面的方块，此时，在"快照 1"前（这个画笔状图标所在位置表示接下来的历史画笔工具的取样情况）出现图标 ，即将该快照"设置历史记录画笔的源"（用历史记录笔绘画时即会恢复到该快照状态），再单击历史记录面板中"美女"为蓝色选中状态，如图 3-3-11 所示。

图 3-3-11　将"快照 1""设置历史记录画笔的源"

步骤3：选择工具箱中的"历史记录画笔工具"按钮 ，在属性栏中将该画笔的不透明度改为 40％，如图 3-3-12 所示。在画面中进行磨皮，注意不要触及不需要处理的眼睛、嘴巴及其他部分。在图片上单击鼠标右键，调整历史画笔大小，来处理眉、眼、嘴边缘的细节部分，磨皮后效果如图 3-3-13 所示。

图 3-3-12　"历史记录画笔工具"属性栏

步骤4：选择"图像→调整→曲线"命令。单击按鼠标调整曲线，让色彩更柔和，调整画面整体色彩，最终效果如图3-3-14所示。

图3-3-13　磨皮后的效果　　　　图3-3-14　最终效果图

四、项目小结

通过任务一、任务二的学习，掌握了图片修复的一些方法和技巧，对于因为拍摄环境条件限制或原物本身存在的一些缺陷图片，可以进行修复，使之趋于完美。主要有"污点修复画笔工具""修复画笔工具""修补工具"等。

任务三则是通过"滤镜→模糊→高斯模糊"和"快照"的巧妙结合使用，对美女面部进行磨皮，修去其面部大面积存在的雀斑。

项目四　图像色调调整

一、项目概述

1.项目描述

任务一：根据某网页设计的需要制作如3-4-1所示的网页效果图。图中用到的素材不多，但狼现在所处空间与原图中空间不同，希望其在两个不同的空间展示不同的视图效果，我们根据需要进行了调色涂抹处理，效果非常形象。

任务二：为"歆碧雅苑"做一个房地产广告设计。整个版面要求色调调和。

2.学习目标

(1)进一步熟练掌握图像的色彩色调调整命令。

(2)能根据不同的场景需要，灵活选择色调调整命令，并正确调整图像的色彩及色调。

二、相关知识

1.版面的色调分类

页面中总是由具有某种内在联系的各种色彩，组

图3-4-1　效果图

成一个完整统一的整体,形成画面色彩总的趋向,称为色调。色彩给人的感觉与氛围,是影响配色视觉效果的决定因素。

为了使作品的整体画面呈现稳定协调的感觉,以便充分地掌握其规律来更好地分析学习,我们根据视觉角色主次地位不同提出以下几个概念。

(1)主色调。主色调是页面色彩的主要色调、总趋势,其他配色不能超过该主要色调的视觉面积。(背景白色不一定根据视觉面积决定,可以根据页面的感觉需要。)

(2)辅色调。辅色调是仅次于主色调的视觉面积的辅助色,是烘托主色调、支持主色调,起到融合主色调效果的辅助色调。

(3)点睛色。在小范围内点上强烈的颜色来突出主题效果,使页面更加鲜明生动。

(4)背景色。背景色是衬托环抱整体的色调,协调、支配整体的作用。

2. 版面的色调调和

色彩调和是指两个或两个以上的色彩,有秩序、协调和谐地组织在一起,能使之心情愉快、喜欢、满足等的色彩搭配。

色彩调和的意义:一是使有明显差别的色彩为了构成和谐而统一的整体所必须经过的调整;二是使之能自由地组织构成符合目的性的美的色彩关系。

3. 色彩调和的方法

调和就是统一,下面介绍四种页面色彩调和的方法。

(1)同种色的调和。

同种色的调和是指相同色相、不同明度和纯度的色彩调和。它使之产生秩序的渐进,在明度、纯度的变化上,弥补同种色相的单调感。

同种色给人的感觉是相当协调的。它们通常在同一个色相里,通过明度的黑白灰或者纯度的不同来稍微加以区别,产生了极其微妙的韵律美。为了不至于让整个页面呈现过于单调平淡,有些页面则是加入极其小的其他颜色作点缀。

(2)类似色的调和。

在色环中,色相越靠近越调和。类似色的调和主要靠类似色之间的共同色来产生作用。本项目中的地产广告设计即采用该种方案的颜色调和。类似色相较于同种色色彩之间的可搭配度要大些,颜色丰富,富于变化。

本项目中的地产广告设计页面主要取的是色环中的咖啡色、黄色、绿色,通过明度、纯度、面积上的不同实现变化和统一。不是每种主色调都处于极其显眼的位置,通常多扮演着用于突出主体的辅助性配角。而重要角色往往在页面中用的分量极少,却又起到突出主体的作用。

(3)对比色的调和。

调和方法有:提高或降低对比色的纯度;在对比色之间插入分割色(金、银、黑、白、灰等);采用双方面积大小不同的处理方法;对比色之间加入相近的类似色。

不是对比色为主色调的页面就一定会有不舒服的感觉,可以通过调低亮度、降低饱和度、加入少许白色来调和。

(4)渐变色的调和。

渐变色实际是一种调和方法的运用,是颜色按层次逐渐变化的现象。色彩渐变就像两种颜色间的混色,可以有规律地在多种颜色中进行。暗色和亮色之间的渐变会产生远近感和三维的视觉效果。渐变色能够柔和视觉,增强空间感,体现节奏和韵律美感,统一整个页面。除了统一,渐变色当然也可以起到变化页面视觉形式的作用。该设计语言可在需要的时候适当地使用。

三、项目实施

任务一:饿狼传说

步骤1:新建文档600像素×747像素,RGB色,72dpi,背景白色,如图3-4-2所示。

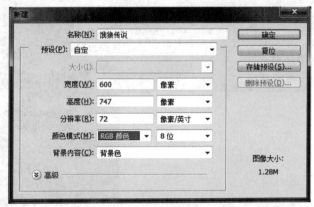

图3-4-2　新建文档

步骤2:再打开"素材/模块三素材/3.4素材/饿狼传说素材/乌云"图片。拖入新建文档中,按【Ctrl+T】组合键适当缩放,调整位置,如图3-4-3所示。

图3-4-3　拖入"乌云"素材——图层1

步骤3:单击图层面板下方的按钮 ，为使乌云更暗些,在快捷菜单中选择"亮度/对比度",添加"亮度/对比度1"调整层,双击图层左边的缩略图打开属性栏,数值设置及效果如图

3-4-4所示。

图 3-4-4　创建"亮度/对比度"调整图层

　　步骤 4：再打开"素材/模块三素材/3.4 素材"中的"高楼大厦"图片，用魔棒去除天空背景，拖入文档置于底部位置。添加"亮度/对比度 2"调整层，使大厦更暗些，双击图层左边的缩略图打开属性栏，数值设置及效果如图 3-4-5 所示。

图 3-4-5　添加"亮度/对比度 2"调整层

　　步骤 5：为使整个图像色调变蓝些，添加"照片滤镜 1"调整层，双击图层左边的缩略图打开属性栏,数值设置及效果如图 3-4-6 所示。

图 3-4-6　添加"照片滤镜 1"调整层

　　步骤 6:选择"图层→新建调整图层→亮度/对比度"命令,添加"亮度/对比度 3"调整层,使整幅图更暗些,双击图层左边的缩略图打开属性栏,数值设置及效果如图 3-4-7 所示。

图 3-4-7　添加"亮度/对比度 3"调整层

　　步骤 7:为色调更逼真,添加"色相/饱和度 1"调整层,双击图层左边的缩略图打开属性栏,数值设置及效果如图 3-4-8 所示。

图 3-4-8　添加"色相/饱和度 1"调整层

步骤 8：打开"素材/模块三素材/3.4 素材"中的"寺庙"图片，拖入文档中，调整位置，用套索工具选择并删除多余部分。

为使整个图片色调变蓝些，选择"图像→调整→照片滤镜"命令，数值设置及效果如图3-4-9所示。

图 3-4-9　对"寺庙"图层 3 进行"照片滤镜"调整

步骤9:打开"素材/模块三素材/3.4素材"中的"大灰狼"图片,用快速选择抠出并拖入文档中,按【Ctrl+T】组合键调整大小及位置,选择"图像→调整→亮度/对比度"命令,数值设置及效果如图3-4-10所示。

图3-4-10 调整"大灰狼"图层4的"亮度/对比度"

步骤10:选择手指工具,如图3-4-11所示,大小设置为60,按照毛的生长方向涂抹,修改狼毛,再适当调整明亮度和对比度,效果如图3-4-12所示。

图3-4-11 选择画笔

图3-4-12 狼毛调整后的效果

步骤11:添加"照片滤镜2"调整层,图层模式为柔光,双击图层左边的缩略图打开属性栏,数值设置及效果如图3-4-13所示。

图 3-4-13 添加"照片滤镜 2"调整层并设置属性"滤镜"

步骤 12：添加"色相/饱和度"调整层，稍微调整颜色，数值设置及效果如图 3-4-14 所示。

图 3-4-14 添加"色相/饱和度"调整层

步骤 13:添加"曝光度 1"调整层,稍微降低曝光度,数值设置及效果如图 3 - 4 - 15 所示。

图 3 - 4 - 15 添加"曝光度 1"调整层

步骤 14:新建一个"图层 5",用画笔工具把狼眼睛涂改成绿色,最终效果如图 3 - 4 - 16 所示。

图 3 - 4 - 16 最终效果

任务二：地产广告设计——版面的色调调和设计

如图 3-4-17 所示，为"歆碧雅苑"作一个房地产广告设计。整个版面要求色调调和，中间图片是由"别墅"和"全景图"两部分拼成，需要对拼接处进行修饰，并进行色调调整，使两者拼接自然。

另外，因为该广告设计的是印刷品广告，要特别注意该文件的尺寸、分辨率和色彩模式等。尺寸应符合纸张的尺寸规范，本任务设计要求为：宽 42.2cm，高 29.0cm；彩色宣传页分辨率要求为 300 像素；颜色模式设计时可为 RGB 模式（8 位），但最终要转换为 CMYK 模式，也可以新建文件时直接设置为 CMYK 模式。

图 3-4-17 "歆碧雅苑"效果图

其制作步骤如下：

步骤 1：新建文档"歆碧雅苑"，设置宽为 42.2cm，高为 29.0cm，分辨率为 300 像素，颜色模式为 RGB 模式（8 位），背景内容为白色，按"确定"，如图 3-4-18 所示。

步骤 2：设置前景色为 RGB（183、143、16），按【Alt＋Delele】组合键填充前景色，如图 3-4-19所示。

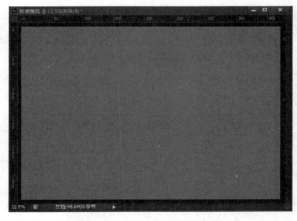

图 3-4-18 新建文件　　　　　　　　　　　图 3-4-19 填充前景色后

步骤3:创建一个新图层,用矩形选框工具建立一个矩形选框。选择渐变工具,设置为由白色至黄色(RGB:254、222、132)的渐变色;填充选框,按【Ctrl+D】组合键取消选区,如图3-4-20所示。

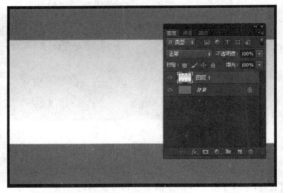

图 3-4-20 创建选区并填充渐变色

步骤4:打开"素材/模块三素材/3.4素材/房地产广告/别墅"及"全景图",用移动工具将其分别移至"歆碧雅苑"中合适的位置,并按【Ctrl+T】组合键调整各自大小,结果如图3-4-21所示。

图 3-4-21 拖入素材,生成图层2和图层3

步骤5：选择"全景图"图层，按【Ctrl＋T】组合键调整宽度，再选择"别墅"图层，去除别墅中多余部分，选择"橡皮擦工具"按钮 ，并调整为较大的柔边笔头，擦除"全景图"图层左边，修饰"别墅"与"全景图"连接边界。

步骤6：选择"图像→调整→亮度/对比度"和"图像→调整→曝光度"，适当降低"别墅"图层的亮度和曝光度，使两图层亮度相当，连接自然，如图3-4-22所示。

图3-4-22 编辑调整后的别墅效果

步骤7：打开"文字01""文字02"，用移动工具将两组文字分别移到"歆碧雅苑"文件中，按【Ctrl＋T】组合键调整各自的大小，如图3-4-23所示。

图3-4-23 拖入"文字01"和"文字02"

步骤8:打开"标志"和"花卉底纹",同第7步一样,用移动工具将两组文字分别移到"歆碧雅苑"文件中,按【Ctrl＋T】组合键调整各自的大小,如图 3-4-24 所示。

图 3-4-24　加入"标志"和"花卉底纹"

步骤9:分别打开"交通图""公司地址""宣传图",同第7步一样,用移动工具将两组文字分别移到"歆碧雅苑"文件中,按【Ctrl＋T】组合键调整各自的大小,完成后最终效果如图 3-4-25 所示。

图 3-4-25　最终效果

步骤10:选择"图像→模式→CMYK 颜色",将"新建"时采用的 RGB 模式(8 位),转换为印刷制版要求的 CMYK 模式。

四、项目小结

本项目主要对色彩的对比与调和作了分析和训练。可通过运用对比手法对平淡单调的版面作一些变换来丰富页面的色彩设计；当页面变化过多，显得刺眼、凌乱时，可以通过调和方法适当加入同类色或者类似色、白色、黑色、灰色，做到统一调配的目的。

通过面积大小、冷暖对比来表达体现页面的主次关系、中心思想。不是一种色彩面积用得越多或者越少，纯度、明度越高就是能突出主体的主角色，主要是根据色彩相互之间的搭配关系来体现的。

 练习题

一、单选题

1. 使用下列选项中的（　　　）修复图像中的污点时，要不断按住【Alt】键在污点周围单击以定义修复的源点。

A. 🖌（污点修复画笔工具）　　　　　B. 🖌（修复画笔工具）

C. 🩹（修补工具）　　　　　　　　　D. 👁（红眼工具）

2. 图像修饰类工具主要用来调整图像局部的亮度、暗度及色彩饱和度，下列选项中的（　　　）工具可以使图像的暗调局部加重。

A. ⬭　　　　　B. 🔍　　　　　C. ◭　　　　　D. ✋

3. 某些照片拍摄时主题不突出，可以在后期通过（　　　）来拉大图像的空间感，以达到突出主题人物的目的。

A. 应用（涂抹工具）将图像背景进行模糊处理，以突出位于前景的主题

B. 应用（锐化工具）对前景人物进行增大清晰度的处理

C. 应用（模糊工具）将图像背景进行模糊处理，以突出位于前景的主题

D. 整体加强图像的明暗对比

4. "色阶"命令是通过输入或输出图像的亮度值来改变图像的品质的，其亮度值的取值范围为（　　　）。

A. 0～50　　　　　B. 0～100　　　　　C. 0～255　　　　D. 0～150

5. 在"色相/饱和度"对话框中，要将图 A 处理为图 B 或图 C 所示的单一色调效果，正确的调节方法是（　　　）。

A　　　　　　　　　B　　　　　　　　　C

A. 调整"色相"参数,使图像偏品红色调

B. 将"饱和度"和"明度"数值减小

C. 勾选"着色"复选框,然后调节"色相"和"明度"参数

D. 将红通道的"饱和度"数值减小

6. 下列选项中的(　　)命令可以将图像变成如同普通彩色胶卷冲印后的底片效果。

A. 阈值　　　　　　　B. 色调均化　　　　　　C. 去色　　　　　　　　D. 反相

7. 以下对调节图层描述错误的是(　　)。

A. 调节图层可以调整不透明度　　　　　　B. 调节图层带有图层蒙版

C. 调节图层不能调整图层混合模式　　　　D. 调节图层可以选择与前一图层编组命令

8. 涂抹工具不能在(　　)颜色模式的图像上使用。

A. 位图　　　　　　　B. 灰度　　　　　　　　C. CMYK　　　　　　　D. RGB

9. 图像必须是(　　)模式,才可以转换为索引模式。

A. RGB　　　　　　　B. 灰度　　　　　　　　C. 多通道　　　　　　　D. 索引颜色

10. 图像必须是(　　)模式,才可以转换为位图模式。

A. RGB　　　　　　　B. 灰度　　　　　　　　C. 多通道　　　　　　　D. 索引颜色

11. 下面(　　)工具可以减少图像的饱和度。

A. 加深工具　　　　　B. 减淡工具　　　　　　C. 海绵工具

D. 任何一个在选项调板中有饱和度滑块的绘图工具

12. 下面(　　)色彩模式色域最大。

A. HSB 模式　　　　　B. RGB 模式　　　　　　C. CMYK 模式　　　　　D. Lab 模式

13. RGB 模式的图像中每个像素的颜色值都由 R、G、B 3 个数值来决定,每个数值的范围是 0～255。当 R、G、B 3 个数值相等、均为 255、均为 0 时,最终的颜色分别是(　　)。

A. 灰色、纯白色、纯黑色　　　　　　　　B. 偏色的灰色、纯白色、纯黑色

C. 灰色、纯黑色、纯白色　　　　　　　　D. 偏色的灰色、纯黑色、纯白色

14. 索引颜色模式的图像包含(　　)种颜色。

A. 2　　　　　　　　　B. 256　　　　　　　　　C. 约 65000　　　　　　D. 1670 万

15. 使用橡皮图章工具在图像中取样的方法是(　　)。

A. 在取样的位置单击鼠标并拖拉

B. 按住【Shift】键的同时单击取样位置来选择多个取样象素

C. 按住【Alt】键的同时单击取样位置

D. 按住【Ctrl】键的同时单击取样位置

16. 应用"曲线"命令的快捷键是(　　)。

A. 【Ctrl+C】　　　　B. 【Ctrl+Alt+B】　　　C. 【Ctrl+Shift+F】　　D. 【Ctrl+M】

17. 下列索引颜色模式的描述中,错误的是(　　)。

A. 索引颜色模式是动画和网上常用的模式

B. 当把文件存成 GIF 格式的时候,文件会自动转成索引颜色模式

C. 只有应用了索引模式才可以使用颜色表

D. 在印刷的时候,使用索引模式可以降低印刷成本

二、判断题

1.调整图像时,用色阶调整和自动色阶调整是一样的。(　　)

2.CMYK 模式图像的色域比 RGB 模式要大。(　　)

3.在 Photoshop 中,彩色图像可以直接转化为黑白位图。(　　)

4.在一个图像完成后其色彩模式不允许再发生变化。(　　)

5.只有应用了索引模式才可以使用颜色表。(　　)

模块四　Photoshop CS6 图层技术

 模块导读

在前边的学习中，我们已经接触到不少图层，如背景图层、调整图层和一些普通的图层，对图层似乎有了一定的了解，但那些只是 Photoshop 图层的冰山一角。Photoshop 图像处理功能之所以强大，在很大程度上是基于图层进行的，图层可以说是 Photoshop 的灵魂所在。图层种类多样，功能丰富，操作命令繁多，本模块就对图层的相关知识和操作进行系统的介绍。

学习目标

知识目标：

1. 理解 Photoshop CS6 图层的概念和图层类型；
2. 认识图层调板的结构和各种操作功能，了解图层的混合模式；
3. 认识"图层"菜单命令及其功能；
4. 掌握"图层样式"面板的结构及其功能；
5. 理解"图层蒙版"的功能及编辑方法。

能力目标：

1. 能正确运用图层调板的功能对图层进行创建、调整、管理等操作；
2. 能正确选择"图层"菜单命令对图层进行各种操作；
3. 能运用相关的快捷键对图层操作；
4. 能灵活运用"图层样式"的各种功能对图层进行美化编辑；
5. 能正确运用"图层蒙版"、图层的混合模式等功能对图像进行融合编辑。

项目一　图层基本操作

一、项目概述

1. 项目描述

本项目任务一"端午节海报"是通过将所有提供的素材文件移动到一个背景图像文件中，形成一个个图层，再将每层图像元素的位置及大小调整，最后制作出一张如图 4 - 1 - 2 所示的海报。

本项目任务二"夕阳下的飞行"针对"热气球"主要使用了"转换为智能对象"命令，将其转化为智能对象，再对所复制的多个"热气球"图层进行编辑。之后，选中所有"热气球"图层，按【Ctrl＋G】组合键创建图层组"组 1"，再复制"组 1"并进行垂直镜像，对镜像图层组设置混合模式为"线性加深"，总体不透明度 25％，形成水中倒影效果，最终效果如图 4 - 1 - 13 所示。

2. 学习目标

(1)理解 Photoshop CS6 图层的概念和不同类型的图层；

(2)认识图层调板的功能，掌握其基本操作；

(3)掌握图层的调整方法及快捷键操作。

二、相关知识

1. 图层的概念

直观地说，图层就像一张张绘有图形或文字等元素的透明胶片，将其按顺序叠放起来，经过精心移动或调整每张胶片图形元素的位置、大小、透明度等，最终形成理想的页面效果。

实际上，图层就是把许多图片叠放在同一个文件中，每一张图片都是一个独立的操作元素，操作时都可以单独编辑与修改，互不干扰但可相互参照。对很多图像处理软件来说，图层是一个不可或缺的功能，也是一件非常便利的工具。

2. 图层的分类

(1)背景图层。

背景图层是一种特殊的图层，它是一种不透明的图层，它的底色是以背景色的颜色来显示的。背景图层可以转换成普通的图层，背景图层也可以基于普通图层来建立。

(2)普通图层。

普通图层即是我们常说的一般概念上的图层。在图像的处理中，用得最多的就是普通图层，这种图层是透明无色的，用户可以在其上添加图像、编辑图像，然后使用图层菜单或图层控制面板进行图层的控制。

(3)文本图层。

当用户使用文本工具进行文字的输入后，系统即会自动地新建一个图层，这个图层就是文本图层。文本图层是一个比较特殊的图层，文本图层可以直接转换成路径进行编辑，并且不需要转换成普通图层就可使用普通图层的所有功能。

(4)形状图层。

形状图层是利用形状工具绘制形状时自动创建的图层。

(5)调节图层。

调节图层不是一个存放图像的图层，主要用来调整和存放图像的色调及色彩，包括色阶、色彩平衡等。用户将这些信息存储到单独的图层中，这样用户就可以在图层中进行编辑调整，而无需调整该图层下方图层的色调、色彩。

3. 图层的基本操作

在 Photoshop 中，大部分与图层相关的操作都需要在"图层调板"中进行。我们通过图 4-1-1来认识一下"图层调板"的组成。

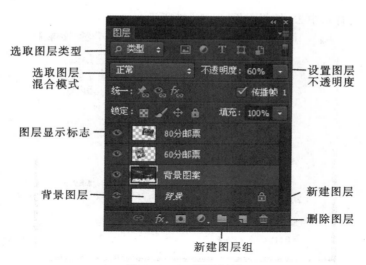

图 4-1-1　图层调板

4.图层的变换

选择菜单中的"编辑→变换→缩放/旋转"命令,可以对当前图层中的对象进行大小缩放、旋转等操作,也可以使用【Ctrl＋T】快捷键实现。

三、项目实施

任务一:"端午节海报"

该任务最终效果如图 4-1-2 所示。

图 4-1-2　"端午节海报"效果图

操作步骤如下:

步骤 1:启动 Photoshop CS6 软件。选择菜单中的"文件→新建"命令,弹出新建对话框,新建一个 1920×1080 的白色画布,如图 4-1-3 所示。打开"素材/模块四素材/4.1 素材/粽子/竹简",并拖入到背景中去,结果如图4-1-4所示。

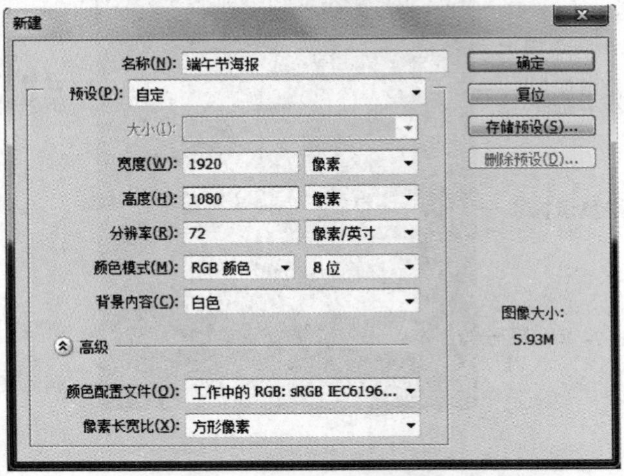

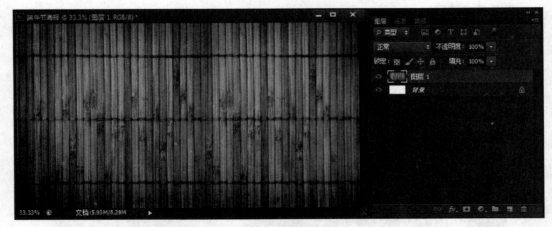

图4-1-3　新建文件

图4-1-4　拖入"竹简"素材——图层1

　　步骤2:使用矩形工具组中的"椭圆工具",其选项设置如图4-1-5顶部工具属性栏,按住【Shift】键画一个正圆。同时,在图层面板中生成了一个名为"椭圆"的新图层,结果如图4-1-5所示。

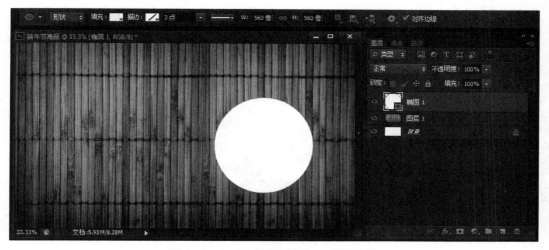

图 4-1-5　创建正圆图层——"椭圆 1"

步骤 3：单击图层调板中的"添加图层样式"按钮添加内阴影，内阴影的参数设置如图 4-1-6 右侧的"图层样式"对话框。

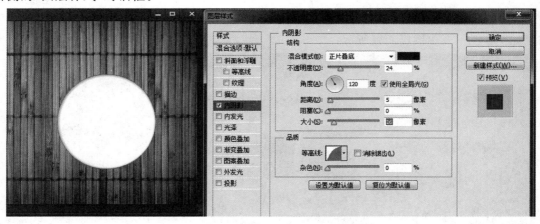

图 4-1-6　给"椭圆 1"添加"内阴影"图层样式

步骤 4：打开"花纹"素材，移动到圆图层之上，按【Ctrl＋T】组合键调节大小及移动位置，按【Shift】键，同时选中图层 2（花纹）和椭圆图层，再选择菜单中的"图层→图层链接"，则可以同时移动两图层的位置以及调整其大小，结果如图 4-1-7 所示。

图 4-1-7　拖入"花纹"素材——图层 2

步骤 5：打开"素材/模块四素材/4.1 素材"中的"粽叶"文件，移动到圆上，命名为"粽叶"，按【Ctrl＋T】调节大小，按【Ctrl＋J】复制 5 个图层，分别命名为"粽叶 1""粽叶 2""粽叶 3""粽叶 4""粽叶 5"，分别选择每一粽叶层，按【Ctrl＋T】组合键调节大小、旋转方向、调整位置，布局如图 4-1-8 所示，再按【Shift】键，同时选中 6 个粽叶图层，选择菜单中的"图层→图层链接"，结果如图 4-1-8 中图层面板所示。

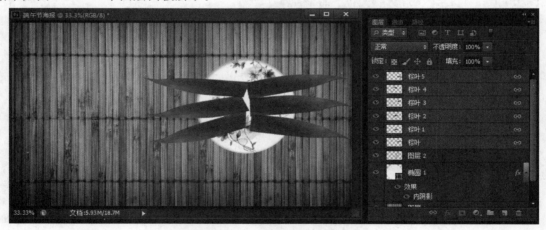

图 4-1-8　拖入并编辑"粽叶"

步骤 6：打开"素材/模块四素材/4.1 素材"中的"粽子 1"文件，用"磁性套索工具"将粽子抠出来后移动到粽叶之上，图层命名为"粽子 1"，按【Ctrl＋T】组合键调整大小和位置，结果如图 4-1-9 所示。

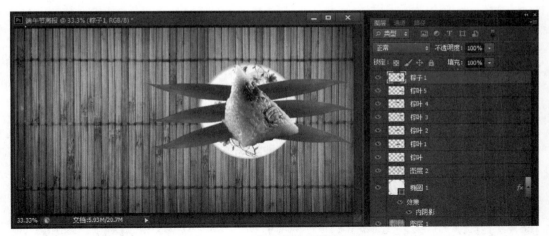

图 4-1-9　拖入并编辑"粽子 1"

步骤 7：打开"素材/模块四素材/4.1 素材"中的"粽子特效字"文件，移到圆盘下方，效果如图 4-1-10 所示。

图 4-1-10　拖入"粽子特效字"

步骤 8：打开"素材/模块四素材/4.1 素材"中的"端午特效字"文件，移到左上方，效果如图 4-1-11 所示。

步骤 9：在"端午"后面用直排文字工具输入"农历五月初五是端午节，两千多年来……"，设置字体为"华文行楷"，字体大小为"36 点"，字体颜色为"黑色"，然后将鼠标光标移至合适的位置并按【Enter】键分段。

图 4-1-11　拖入"端午特效字"

步骤 10：打开"素材/模块四素材/4.1 素材"中的"粽子 2"文件，用"移动工具"拖至竹筒左下角合适位置，按【Ctrl＋T】组合键调节大小，如图 4-1-12 左下方所示。

步骤 11：打开"素材/模块四素材/4.1 素材"中的"筷子"文件，用"磁性套索工具"抠出来并移动至"粽子 1"上，得到最终效果如图4-1-12所示，最后将文件保存为"端午节海报"。

图 4-1-12　最终效果

任务二:"夕阳下的飞行"

"夕阳下的飞行"是将"热气球"素材拖入背景素材中,并将其转化为智能对象,同时复制多个"热气球"图层,调整每层的大小及透明度,使其产生由近及远的感觉。该任务效果如图4-1-13所示。

图 4-1-13 "夕阳下的飞行"效果图

操作步骤如下:

步骤 1:将"素材/模块四素材/4.1 素材"中的"热气球"文件夹打开,然后选中素材"夕阳",执行"图像→复制"命令,在弹出的复制图像对话框中设置名称为"夕阳下的飞行",如图4-1-14所示。

图 4-1-14 复制图像

步骤2:把"素材/模块四素材/4.1素材"中的"热气球"素材拖入"夕阳下的飞行"的画布中,并放在左侧,如图4-1-15所示。

图4-1-15 拖入"热气球"

步骤3:复制"图层1"为"图层1副本",右击该图层选择"转换为智能对象"命令,按【Ctrl+T】组合键成比例缩小,如图4-1-16所示。

图4-1-16 将"图层1副本"转换为"智能对象"

步骤4:按【Ctrl+J】组合键,复制多个变换的智能对象,按照近大远小的原理放置,如图4-1-17所示。

图 4 - 1 - 17　复制多个变换的智能对象

步骤 5：在图层面板中，分别设置不透明度参数，形成渐隐效果，如图 4 - 1 - 18 所示。

图 4 - 1 - 18　设置不透明度参数后的效果

步骤 6：把"素材/模块四素材/4.1 素材"中的"飞鸟"素材拖入"夕阳下的飞行"中，如图 4 - 1 - 19 所示。

图 4-1-19 拖入"飞鸟"

步骤7：选择背景图层以外的所有图层，按【Ctrl＋G】组合键创建"组1"图层组，把该图层组拖至底部"新建图层"按钮，复制该图层组。

步骤8：选中"组1副本"，按【Ctrl＋T】组合键，把变换中心移动点移至变换框正下方，右击选择"翻转垂直"命令，形成倒影，如图4-1-20所示。

图 4-1-20 将"组1副本"翻转垂直后

步骤9：在图层面板中，设置图层组的"混合模式"为"线性加深"，总体不透明度25％，形成水中倒影效果，如图4-1-21所示。

图 4-1-21　设置倒影的"混合模式"和"透明度"后

步骤 10：将"素材/模块四素材/4.1 素材"中的"文字"文件中的文字图像拖入"夕阳下的飞行"的画布中，放在右侧，完成操作，最终效果如图 4-1-22 所示。

图 4-1-22　加入文字后最终效果

四、项目小结

通过该项目重点练习图层的基本操作，如图层的复制、移动、变换等。熟悉了图层调板、"图层→图层链接"、图层的编组等菜单命令，以及【Ctrl＋T】【Ctrl＋G】等快捷键的使用。另外，在任务二中引入了智能对象、图层组、图层融合模式等概念。

项目二 制作艺术字——应用图层样式

一、项目概述

1. 项目描述

本项目主要运用图层样式面板中的投影、内阴影、内外发光、斜面和浮雕等图层样式制作艺术字。通过本项目案例的学习,读者将掌握添加并设置图层样式的方法,并了解 Photoshop 提供的各类图层样式的作用以及相关参数的意义。

2. 学习目标

(1)掌握"图层样式"面板的结构及其功能;
(2)能灵活运用"图层样式"的功能对文字等图层进行美化编辑。

二、相关知识

图层样式是 Photoshop 的一个非常实用的功能,利用它可以快速生成阴影、浮雕、发光等效果,这些都是针对单个图层而言,如果给某个层加入阴影效果,那么这个层上所有非透明的部分都会投下阴影。图层样式还可以拷贝,将一个图层好的图层样式可以复制粘贴到另一个图层,可以简化很多重复的操作。

1. 图层样式的面板功能介绍

图层样式面板如图 4-2-1 所示。

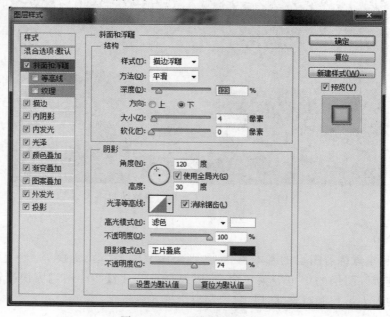

图 4-2-1 图层样式的面板

• 投影和内阴影。利用投影样式可以模拟不同角度的光源,给图层内容添加一种阴影效果;利用内阴影样式可以在图像内部添加阴影效果。

• 外发光、内发光和光泽。利用外发光或内发光样式可在图像外侧或内侧边缘产生发光效果,利用光泽样式可在图像的内侧边缘添加柔和的内阴影效果。

　　•斜面和浮雕。斜面和浮雕样式是 Photoshop 图层样式中最复杂的,包括外斜面、内斜面、浮雕效果、枕状浮雕等。

　　•叠加样式和描边样式。叠加和描边样式实际上是向图层内容填充颜色、渐变色或图案等,或为图层内容增加一个边缘。

　　2.图层样式设置

　　要为一个层增加图层样式,首先将该层选为当前活动层,选择菜单"图层→图层样式"命令,然后在子菜单中选择投影等效果。或者可以在图层命令调板中,单击"添加图层样式"按钮 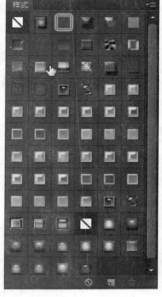,在下拉列表中选择各种效果,打开图层样式面板后,进行相关参数的设置。

　　3.使用"样式"调板

　　Photoshop CS6 的"样式"调板还提供了一组内置样式,让用户可以快速为图层设置各种特殊效果。选择菜单命令"窗口→样式",打开"样式"调板,如图 4-2-2 所示。针对文字图层或其他普通图层可以选择其中的样式。另外,用户也可以根据需要自己编辑和存储样式。

图 4-2-2　"样式"调板

三、项目实施

任务一:制作"端午"和"粽子"特效字

本任务是制作本模块项目一中的"端午"和"粽子"特效字,操作步骤如下:

步骤 1:选择菜单中的"文件→新建"命令,弹出新建对话框,新建一个宽 15 厘米、高 20 厘米、分辨率为 72dpi、RGB 色、底色为白色的文件,如图 4-2-3 所示。

步骤 2:在中间用"直排文字工具"设置字体为华文行楷,字体大小为 230 点,字体颜色为黑色。然后输入"端午",效果如图 4-2-4 所示。

图 4-2-3　新建文件

图 4-2-4　编辑"端午"文字

步骤 3:单击图层调板中的"添加图层样式"按钮 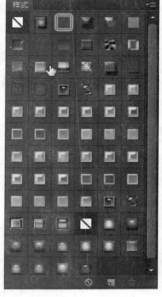,为"端午"添加"斜面和浮雕"样式,其参数设置如图 4-2-5 所示,确定后效果如图 4-2-6 所示。

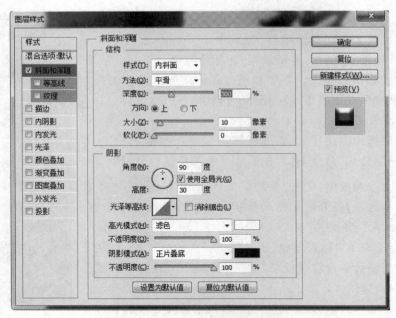

图 4-2-5　设置"斜面和浮雕"

图 4-2-6　设置"斜面和浮雕"后的效果

　　步骤4：双击背景层将其变为图层0，再拖到"删除"按钮　　后释放，最终效果如图4-2-7所示。

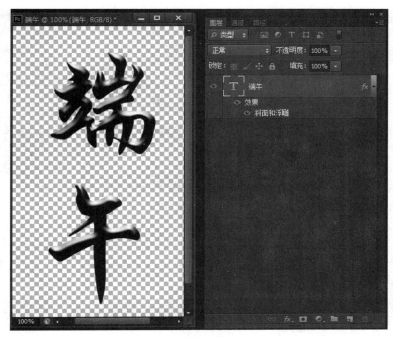

图 4-2-7 删除背景图层后

任务二:制作"粽子"特效字

步骤 1:选择菜单中的"文件→新建"命令,弹出"新建"对话框,新建一个宽 20 厘米、高 12 厘米、分辨率为 72dpi、RGB 色、底色为白色的文件,如图 4-2-8 所示。

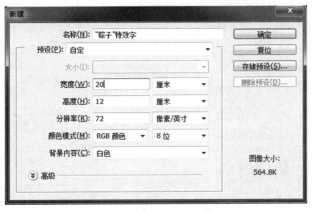

图 4-2-8 新建文件

步骤 2:选择工具箱中的"横排文字"工具,设置字体为华文行楷,大小为 300 点,字体颜色为♯eac83e,然后输入"粽子",得到一个名为"粽子"的文字图层,效果如图 4-2-9 所示。

图 4 - 2 - 9 添加并编辑"粽子"文字图层

步骤 3：单击图层调板中的"添加图层样式"按钮 *fx*，为"粽子"添加以下样式：

（1）斜面和浮雕："阴影"选项框中滤色的颜色设置为 # ffffff，"正片叠底"的颜色设置为 # d0cabc。其他参数设置如图 4 - 2 - 10 所示。

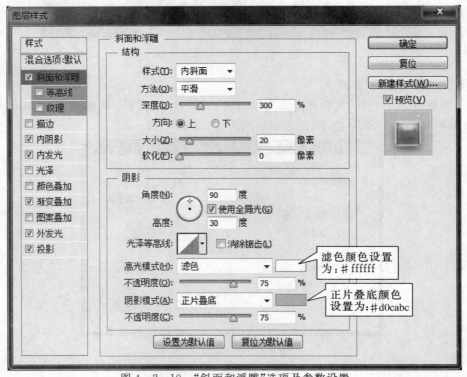

图 4 - 2 - 10 "斜面和浮雕"选项及参数设置

（2）内阴影："结构"选项框中"混合模式"选项的"正片叠底"颜色设置为 # 673c03。其他参数设置如图 4 - 2 - 11 所示。

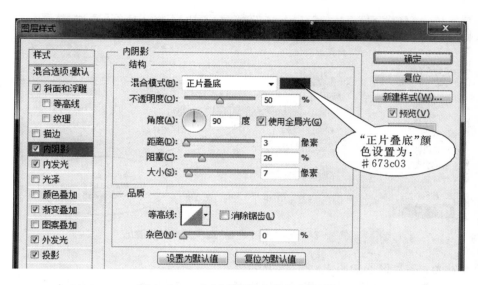

图 4-2-11 "内阴影"选项及参数设置

(3)内发光:"结构"选项框中"混合模式"的"滤色"颜色设置为＃fe911d,其他参数设置如图 4-2-12 所示。

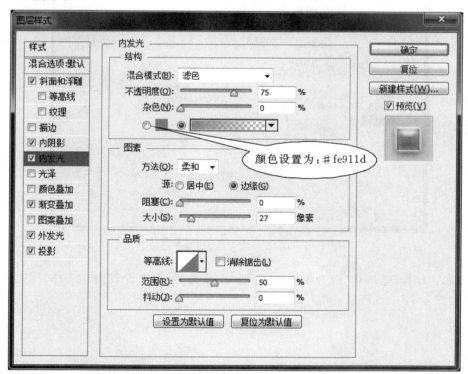

图 4-2-12 "内发光"选项及参数设置

(4)渐变叠加:"渐变"选项中颜色设置为:＃be6e18 到＃d8a758 渐变,其他参数设置如图 4-2-13 所示。

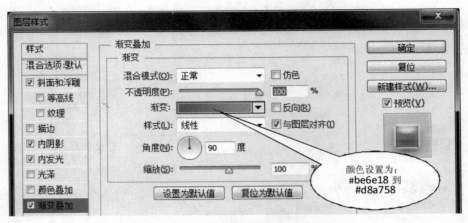

图 4-2-13 "渐变叠加"选项及参数设置

(5)外发光：参数设置如图 4-2-14 所示。

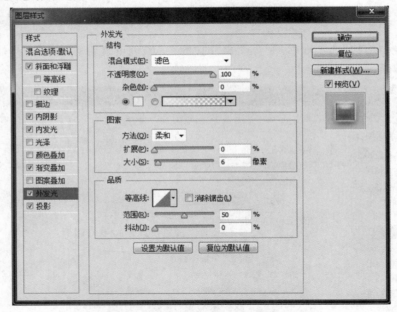

图 4-2-14 "外发光"选项及参数设置

(6)投影："结构"选项中"混合模式"选项的"正片叠底"颜色设置为＃7b3b0c,其他选项及参数设置如图 4-2-15 所示。

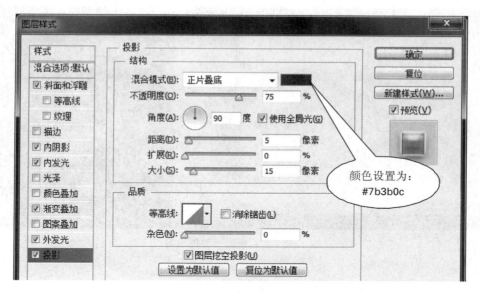

图 4-2-15　"投影"选项及参数设置

设置完上述样式后，按"确定"按钮，效果如图 4-2-16 所示。

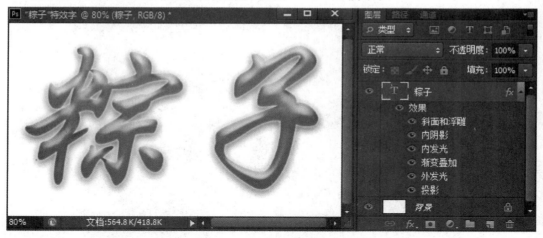

图 4-2-16　"粽子"图层样式设置效果

步骤4：双击背景层将其变为图层0，再拖到"删除"按钮 ▇ 后释放，最终效果如图4-2-17所示。

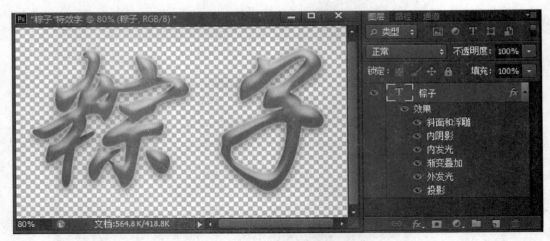

图4-2-17 删除背景图层后

任务三:真实铸铁卷边字

通过滤镜菜单对文字进行修饰,展现出铸铁卷边字的效果。最终的个性卷边字效果效果如图4-2-18所示。

图4-2-18 "真实铸铁卷边字"效果图

制作步骤如下:

步骤1:新建一个640像素×480像素、分辨率为300像素/英寸、颜色模式为RGB颜色的白色画布,如图4-2-19所示。

图 4 - 2 - 19 新建文字

步骤 2：将背景填充为白色到黑色的径向渐变。选择工具箱中的"横排文字工具"，在画布中输入文字"GOOD"，通过"字符"面板设置字体为 Arial、大小为 48 点、颜色为白色，结果如图 4 - 2 - 20 所示。

图 4 - 2 - 20 设置背景为白色到黑色的径向渐变

步骤 3：在文字图层上单击右键，在弹出的菜单中选择"栅格化文字"命令，将文字层栅格化成普通层。选择工具箱中的"椭圆选框工具"，在文字某位置上绘制一个椭圆选区。执行菜单栏中的"滤镜→扭曲→旋转扭曲"命令，打开"旋转扭曲"对话框，设置合适的角度，单击"确定"按钮。按【Ctrl＋D】组合键取消选区。使用同样的方法，将文字的其他地方进行旋转扭曲，参数设置及结果如图 4 - 2 - 21 所示。

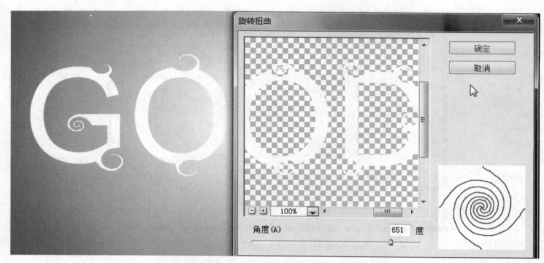

图 4-2-21　对文字局部进行"旋转扭曲"处理

步骤 4：确认选择文字图层，单击图层面板下方的"添加图层样式"按钮 ![fx],在弹出的菜单中设置以下图层样式。

（1）设置"投影"：选择"投影"复选框，对话框参数设置及效果如图 4-2-22 所示。

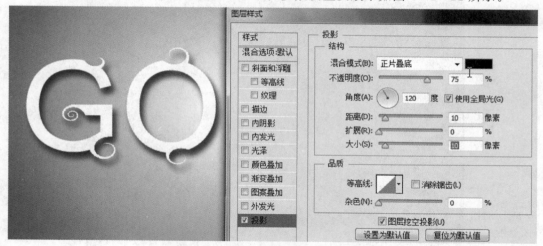

图 4-2-22　设置"投影"选项及参数

（2）设置"斜面和浮雕"：勾选"斜面和浮雕"复选框，设置深度为 100%，大小为 0 像素，"软化"为 0 像素，其他参数设置及效果如图 4-2-23 所示。

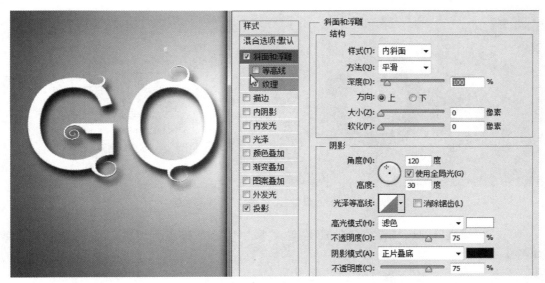

图 4-2-23　设置"斜面和浮雕"选项和参数

（3）设置"光泽"：勾选"光泽"复选框，设置颜色为黑色，不透明度为 70％，距离为 11 像素，大小为 14 像素，等高线为高斯，其他参数设置及效果如图 4-2-24 所示。

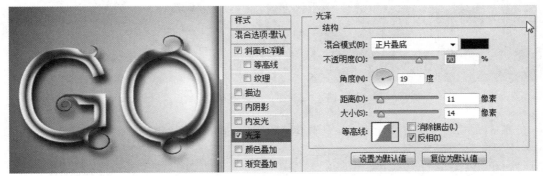

图 4-2-24　设置"光泽"选项及参数

（4）设置"图案叠加"：勾选"图案叠加"复选框，设置"不透明度"为 100％，选择"图案"为"褶皱"图案，其他参数设置及效果如图 4-2-25 所示。如果没有"褶皱"图案，则需要按"图案"列表框右侧的按钮 ⚙▾，展开菜单，选择"图案"进行追加。

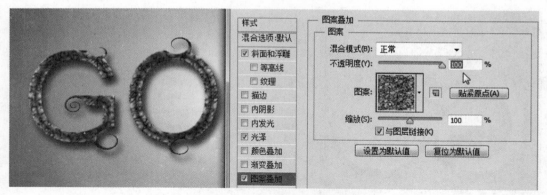

图4-2-25 设置"图层叠加"选项及参数

（5）设置"描边"：勾选"描边"复选框，设置大小为1像素，颜色为黑色，其他参数设置及效果如图4-2-26所示。

图4-2-26 最终效果

步骤5：最后再配上相关的装饰，完成本例的制作，最终效果如图4-2-27所示。

图4-2-27

四、项目小结

通过该项目案例,学习了图层样式的操作方法,掌握了图层样式的各个功能和参数设置等,通过选择合适的图层样式制作特效文字。

任务三在打造真实铸铁卷边字效果时,通过绘制选区和应用"旋转扭曲"滤镜,制作出个性卷边字效果。

项目三　图层蒙版、调整图层的应用

一、项目概述

1. 项目描述

在一幅完整的 Photoshop 图像文件中,每个图层都只包含了图像的一部分内容,利用调整图层之间的顺序、混合模式以及透明度参数设置,使图像产生千变万化的效果;利用羽化、柔边橡皮擦工具处理图层图像边缘,可使图层较自然地融合在一起,但这种处理方法会破坏原图层。如何在图层融合时,创造出更自然的视觉效果,且不破坏原图层图像呢? Photoshop 提供了一个与图层关系紧密的图像修饰工具——图层蒙版,它覆盖在图层的上方控制着图层的隐藏与显示。本项目主要介绍图层蒙版的使用方法和设置技巧。

2. 学习目标

(1)理解蒙版的概念和分类;

(2)掌握图层蒙版的使用方法,并能运用它进行图像的融合处理;

(3)了解其他蒙版的使用方法。

二、相关知识

Photoshop 的蒙版包括普通蒙版(又称为图层蒙版或像素蒙版)、矢量蒙版、快速蒙版和剪贴蒙版四种,其作用主要是抠图和图像合成。

1. 图层蒙版

(1)图层蒙版及其作用。

图层蒙版实际上是一幅灰度图像,其白色区域为完全透明区,黑色区域为完全不透明区,而不同程度的灰色代表不同程度的透明。

图层蒙版与图层的关系:图层蒙版是依赖于蒙版而存在的,所以图层蒙版和图层关系紧密,可以观察到在图层面板上,图层和图层蒙版之间有个链接符号。当单击这个符号时,它会出现"链接/不链接"两种情况。

图层蒙版的作用就是控制该图层的图像哪些部分显示、哪些部分隐藏、哪些部分隐约可见。因此,在某图层上添加黑色或者白色的蒙版后,可以使用画笔等填充工具来编辑蒙版,以便遮挡该图层中的部分内容以显示下边图层图像,使两图层图像融合得到特殊的图层效果。

另外,使用蒙版最大的好处是在保护原图层不改变的情况下,能得到图层不同的效果,这也就是图层蒙版被广泛使用的原因之一。

(2)图层蒙版的操作。

①创建图层蒙版。两种方法可以实现图层蒙版的创建:

方法一:在图层面板上,单击"添加矢量蒙版"按钮,在当前编辑图层就会产生一个链接的图层蒙版。这种方法添加的蒙版是白色的,图层上的图像没有任何变化。

方法二:执行"图层→添加图层蒙版"菜单命令。

②图层蒙版有4种添加方式。

a.显示全部:添加一块白色的图层蒙版,完全显示图像的内容,和第一种方法添加的图层蒙版相同。

b.隐藏全部:添加一块黑色的图层蒙版,图层中的图像被完全隐藏。

c.显示选区:添加的图层蒙版中,原来选区为白色,相反其他地方为黑色,显示的效果只有选区显示,其他被隐藏。

d.隐藏选区:添加的图层蒙版中,原来选区为黑色,相反其他地方为白色,隐藏的是选区,其他地方正常显示。

③图层蒙版的编辑。

编辑填充图层的所有工具都可以用来编辑图层蒙版,如绘图工具、渐变工具等。

④图层蒙版的删除。

与图层蒙版的创建相类似,可以通过执行"图层→停用图层蒙版"菜单命令或者"图层→移去图层蒙版→扔掉"菜单命令来完成;也可以直接用鼠标将蒙版拖到图层面板的"垃圾桶"按钮来实现。

2.矢量蒙版

矢量蒙版的内容为一个矢量图形,可通过两种方法创建:一种是直接绘制形状,创建带矢量蒙版的形状图层;另一种首先绘制路径,然后将其转为矢量蒙版。

按住键盘上的【Ctrl】键,单击 Photoshop CS6"图层面板"中的"添加图层蒙版"按钮█,即可为所选图层添加"矢量蒙版"(在 Photoshop CS6 菜单栏单击选择"图层→矢量蒙版→显示全部"命令,也可以创建矢量蒙版)。

将矢量蒙版转换为图层蒙版:Photoshop CS6 矢量蒙版不能应用绘图工具和滤镜等命令,可以将矢量蒙版转换为图层蒙版再进行编辑。需要注意的是,一旦将矢量蒙版转换为图层蒙版,就无法再将它改回矢量蒙版。

在矢量蒙版缩览图上单击鼠标右键,从弹出的快捷菜单中选择"栅格化矢量蒙版"命令,即可将矢量蒙版转换为图层蒙版。也可以在 Photoshop CS6 菜单栏单击选择"图层→栅格化→矢量蒙版"命令,即可将矢量蒙版转换为图层蒙版。

3.剪贴蒙版

剪贴蒙版是使用下层图像(基底图层)的形状来控制上层图像(内容图层)的显示区域,也就是说上层图像只能透过下层图像显示出来。

4.快速蒙版

在 Photoshop CS6 中,有两种图形图像编辑模式:

①标准编辑模式。该模式下,选区是以闪动的虚线框来表示的;

②快速蒙版的编辑模式。该模式下,选区以快速蒙版的形式来表示。

两种编辑模式的转换通过单击工具栏上的"标准编辑模式"和"快速蒙版模式"的按钮█或按【Q】键来实现。

快速蒙版模式用于边缘不规则图像的比较精准的抠图。首先,通过之前所讲的多种方法建立一个粗略的选区,进入快速蒙版模式后,默认状态下,选中的区域保持原状,对选区外的部分快速蒙版是以透明度为 50% 的红色遮盖来表示的,再通过绘图工具来修改被遮盖区域的形状,达到编辑选区的目的,然后,回复到标准编辑模式,即可建立一个更精准的选区。

三、项目实施

任务一:"最接近天堂的地方"海报

步骤 1:新建一个文件,宽度为 29.7 厘米,高度为 21 厘米,分辨率为 72,颜色模式为 RGB 色,背景内容为白色,如图 4-3-1 所示。将前景色设为黑色,用前景色填充背景图层。

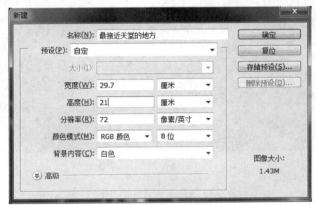

图 4-3-1 新建文件

步骤 2:打开"素材/模块四素材/4.3 素材/最接近天堂的地方素材/山水"文件,用选择工具将其拖到新建文件窗口,生成新的"图层 1",命名为"山水",如图 4-3-2 所示。

图 4-3-2 拖入"山水"素材——图层 1

步骤 3:点击图层面板下方的"添加矢量蒙版"按钮为"山水"素材添加蒙版,选择渐变,渐变色为从黑色到白色。选择"径向渐变",从上向下拖,效果如图4-3-3所示。

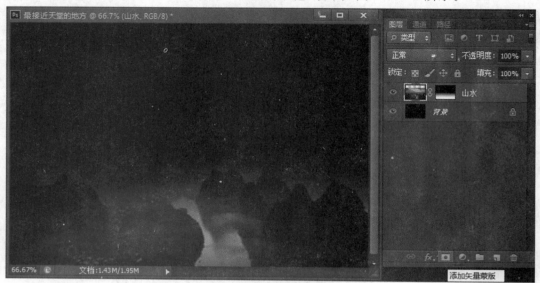

图4-3-3 给"图层1"添加蒙版

步骤4:新建一个图层,使用"多边形套索工具"在该图层绘制图4-3-4所示的选区,设置渐变,渐变色从蓝色(♯051650)到绿色(♯186e92),选择"滤镜→模糊→动感模糊"命令,参数设置为:角度为90度,距离为260,图层的名称改为"图形模糊",结果如图4-3-4所示。

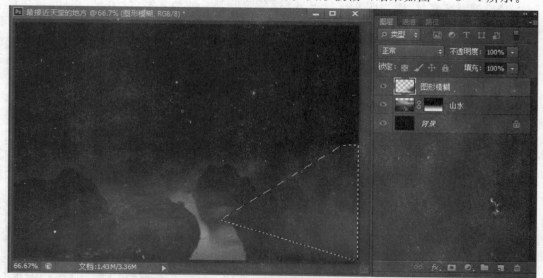

图4-3-4 添加并编辑"图形模糊"图层

步骤5:按【Ctrl+D】组合键取消选区,再按【Ctrl+J】组合键得到名为"图形模糊 副本"的图层,移动到左上方按【Ctrl+T】组合键调整方向,结果如图4-3-5所示。

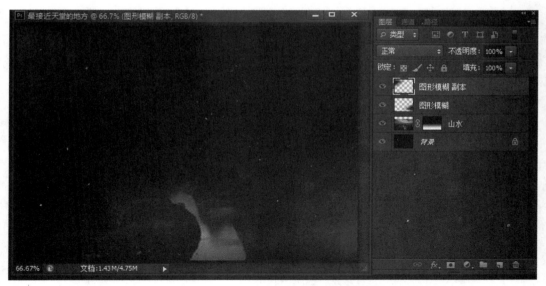

图 4-3-5 创建"图形模糊副本"图层

　　步骤 6：创建新图层，命名为"椭圆 1"，绘制椭圆形选区，前景色为黑色，并填充。单击添加"图层样式"按钮，进行图层样式设置。

　　①选择"外发光"，渐变颜色设置为＃00f6ff，其他如图 4-3-6 所示。

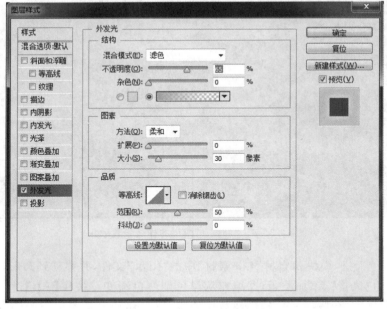

图 4-3-6 对"椭圆 1"图层设置"外发光"选项及参数

　　②选择"内发光"，渐变颜色设置为＃fafae6，其他如图 4-3-7 所示，效果如图 4-3-8 所示。

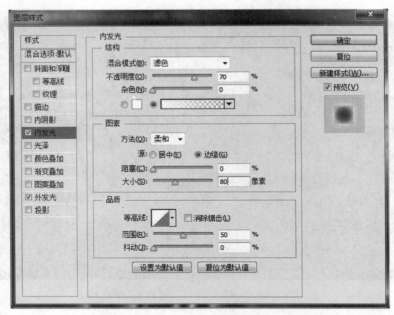

图 4-3-7 对"椭圆 1"图层设置"内发光"图层样式

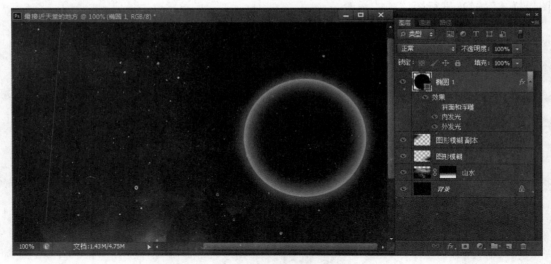

图 4-3-8 "椭圆 1"图层的样式设置效果

步骤 7:打开"素材/模块四素材/4.3 素材"中的"山水"文件,并移动到圆形,调整大小。生成新图层,命名为"风景",添加蒙版,并填充从黑色到白色渐变。按住【Alt】键,将鼠标放在图层面板的两图层之间(分隔线)单击,创建剪切蒙版,适当移动风景图层与椭圆的相对位置,效果如图 4-3-9 所示。

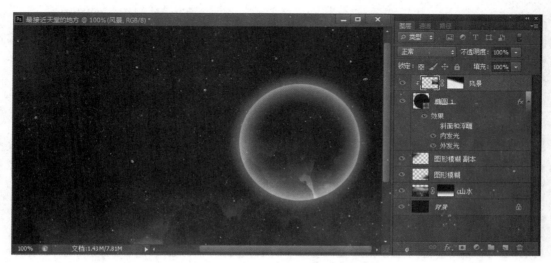

图 4 - 3 - 9 添加"风景"图层及蒙版

步骤 8:按住【Ctrl】键,单击圆形缩略图,载入选区,选中风景图层,单击"调整图层"按钮 ,在菜单中选择"色相/饱和度",其参数设置及颜色效果见图 4 - 3 - 10。

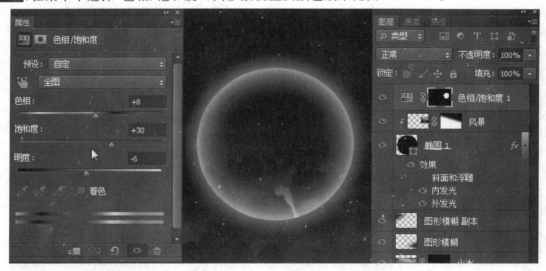

图 4 - 3 - 10 添加"色相/饱和度"调整图层

步骤 9:按住【Ctrl】键,单击圆形缩略图,载入选区,单击"调整图层"按钮 ,在菜单中选择"色阶",其参数设置及效果见图 4 - 3 - 11。

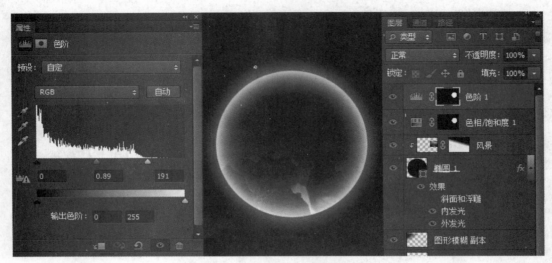

图4-3-11 添加"色阶"调整图层

步骤10：创建新图层，命名为"太阳"。绘制圆形，设置从#000066到#336699的渐变。设置高斯模糊，调整太阳与椭圆的相对位置后，按【Shift】键，同时选中"太阳""色阶""色相/保和度""风景""椭圆1"几个图层，选择菜单"图层→链接图层"，以便同时移动位置，效果如图4-3-12所示。

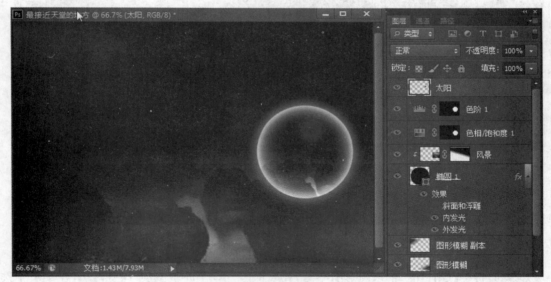

图4-3-12 添加"太阳"图层

步骤11：创建新图层命名为"圆点模糊"，用画笔工具绘制大小、硬度不同的加点，再作适当的高斯模糊处理，效果如图4-3-13所示。

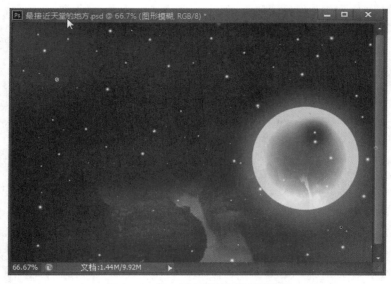

图 4 - 3 - 13　添加"圆点模糊"图层

步骤 12：创建新图层，命名为"星星"。用画笔工具，效果如图 4 - 3 - 14 所示。

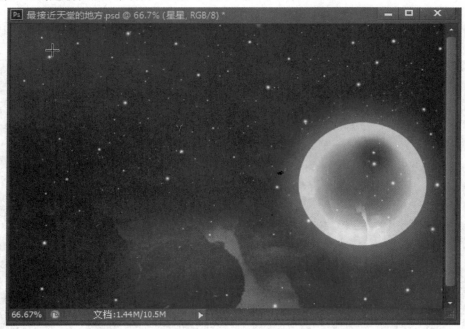

图 4 - 3 - 14　添加"星星"图层

步骤 13：打开"素材/模块四素材/4.3 素材"中的"人物"文件，移动到图像窗口，生成新图层，命名为"人物"。设置外发光，颜色为白色，其他参数设置如图 4 - 3 - 15 所示。

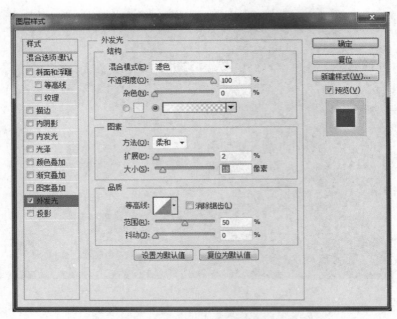

图4-3-15 给"人物"图层设置"外发光"效果

步骤14：复制人物图层，置于"人物"层下方并移动位置，颜色模式设为色相，结果如图4-3-16所示。

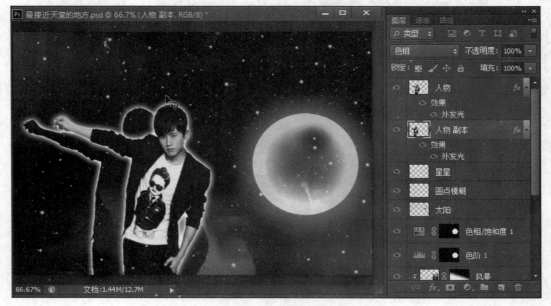

图4-3-16 复制"人物"图层

步骤15：创建新图层，命名为"光泽"。绘制矩形选区，填充为白色，设置高斯模糊如图4-3-17所示。按【Ctrl+T】组合键变换图形，旋转90度，设置动感模糊如图4-3-18所示。

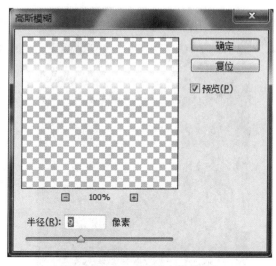

图 4 - 3 - 17　设置"高斯模糊"

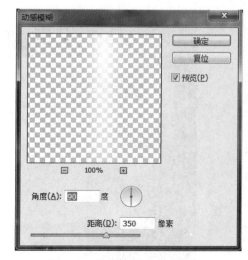

图 4 - 3 - 18　设置"动感模糊"

步骤 16：将"光泽"复制四次，依次移动位置，同时选择五个光泽图层，选择"图层→对齐→顶端"以及"图层→分布→水平居中"，让其均布，如图 4 - 3 - 19 所示。

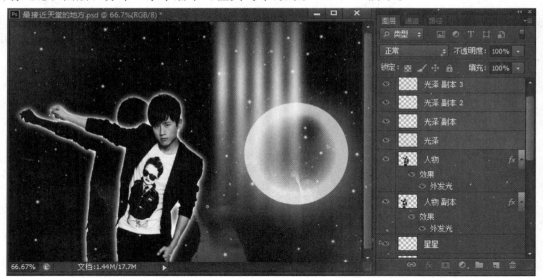

图 4 - 3 - 19　复制并编辑"光泽"图层

步骤 17：合并五个"光泽"图层，并按【Ctrl＋T】组合键变换图形，右击选框，在如图 4 - 3 - 20 所示菜单中选"斜切"，再用鼠标分别拽拉调整四个角，结果如图 4 - 3 - 21 所示，再旋转方向，让其顶端放在右上方。

图 4-3-20　合并"光泽"图层后选"斜切"　　　　　　图 4-3-21　斜切"光泽"图层

步骤18：添加文字。选用直排文字工具，输入"最接近天堂的地方"，删格化图层，按【Ctrl＋T】组合键旋转文字方向。设置图层样式，斜面和浮雕、描边、渐变叠加、外发光、投影的参数设置如图4-3-22、图4-3-23、图4-3-24、图4-3-25、图4-3-26所示，最终效果如图4-3-27所示。

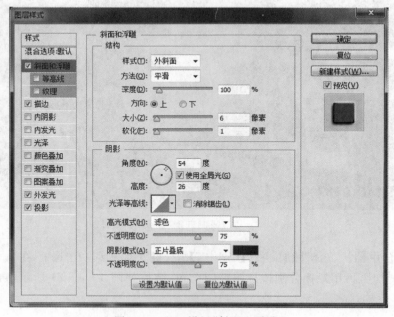

图 4-3-22　设置"斜面和浮雕"

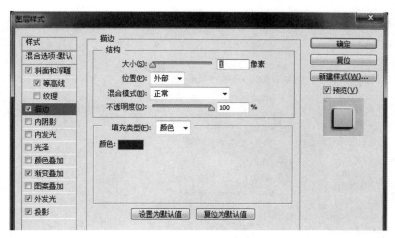

图 4-3-23　设置"描边"

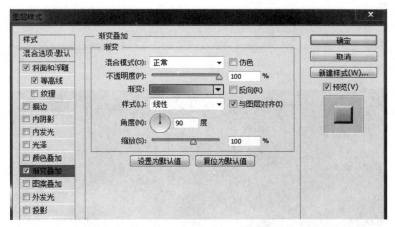

图 4-3-24　设置橙色到黄色"渐变叠加"

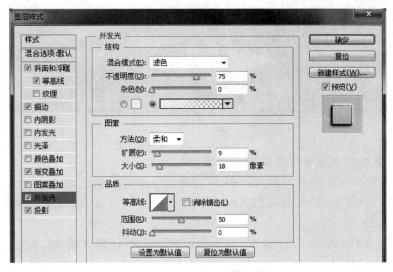

图 4-3-25　设置"外发光"

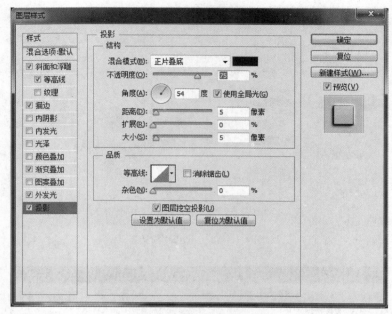

图 4 - 3 - 26　设置"投影"

图 4 - 3 - 27　最终效果

任务二:创意合成水底穿越场景

　　水底穿越场景的效果用到的素材不多,不过视觉上非常有创意,人物在两个完全不同的空间穿越,尤其是水面场景部分,给人物加上了水花,并进行了调色处理,效果非常生动。

　　操作步骤如下:

　　步骤 1:新建文件,宽为 1920 像素,高为 1080 像素,颜色模式为 RGB 色,背景内容为白底,其他为默认值,如图 4 - 3 - 28所示。

图 4 - 3 - 28 新建文件

步骤 2：打开"素材/模块三素材/4.3 素材/水底穿越素材/沙滩"文件，拖入新建的文件中调整位置，如图 4 - 3 - 29 所示。

图 4 - 3 - 29 拖入"沙滩"素材——图层 1

步骤 3：打开"素材/模块四素材/4.3 素材"中的"水底"文件，并拖到当前文件中，置于沙滩图层之上。按【Ctrl＋T】组合键进行自由变换，旋转 90 度，调整水底图层的大小以及位置，如图 4 - 3 - 30 所示，在水底图片区域内双击确认变换。

图 4-3-30 拖入"水底"素材并编辑——图层 2

步骤 4:按图层面板底部的"添加图层蒙版"按钮 ▣ 给"水底"图层创建蒙版,在水与沙滩相接区域建立矩形选区,再选择"渐变工具"中的"黑白渐变"填充蒙版,结果如图 4-3-31 所示。按【Ctrl+D】组合键取消选区。

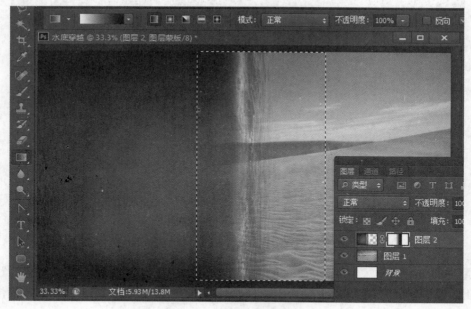

图 4-3-31 给"图层 2"添加蒙版

步骤 5:按【Ctrl+T】组合键对水底图层进行变换,右击鼠标选择"变形",拖动调节杆顶端的黑点位置来设置水面变形程度,效果如图 4-3-32 所示。双击确认变形。

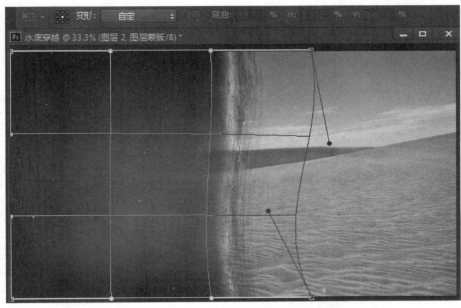

图 4-3-32　对"图层 2"进行"变形"编辑

　　步骤 6：复制波浪。选择"多边形套索工具"，并在工具选项栏设置 10 像素羽化值，选择一段波浪，通过拷贝到图层，获得"图层 3"，如图 4-3-33 所示。

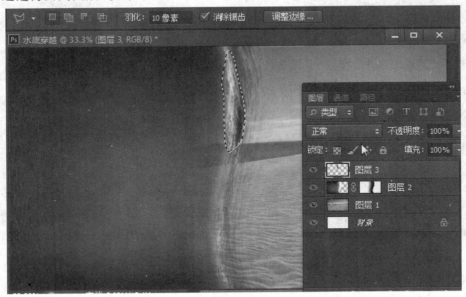

图 4-3-33　复制波浪——图层 3

　　步骤 7：将"图层 3"移动到下方，按【Ctrl＋T】组合键对其进行变换，右击选择"变形"以适应边缘形状，直接拉伸浪花与上方衔接，通过调节图层的透明度，或通过大半径的柔边橡皮擦一下浪花衔接海水的地方，进行过渡处理，最后右键选择"向下合并"，大场景完成。结果如图 4-3-34所示。

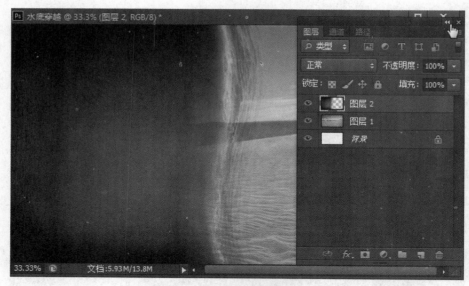

图4-3-34　编辑并合并波浪后的效果

步骤8：按图层面板下方"创建新的填充和调整图层"按钮 ，在菜单中选择"纯色"，新建"颜色填充1"图层，填充颜色为♯304144，不透明度调整到80％，效果如图4-3-35所示。

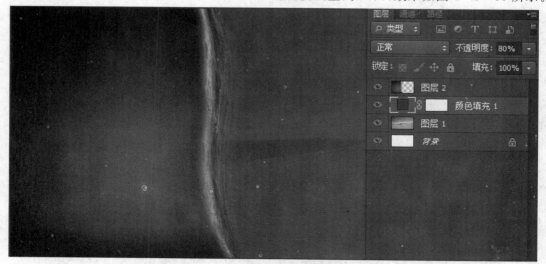

图4-3-35　添加"颜色填充1"调整图层

步骤9：在"颜色填充1"图层中选择图层蒙版，再选择"渐变工具"中的"黑到透明渐变"，模式为"径向渐变"，按照箭头指示拉渐变，效果如图4-3-36所示。

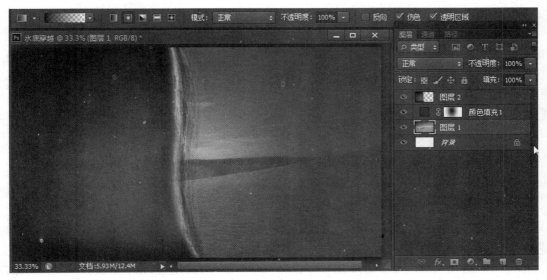

图 4-3-36 编辑"颜色填充 1"图层

步骤 10:在"颜色填充 1"图层中选择图层蒙版,按【Ctrl＋T】组合键调整亮部的大小及位置。再复制"颜色填充 1"图层,获得"颜色填充 1"拷贝,按【Alt】键的同时单击两图层的分隔线处,将其设置为水底图层的剪贴蒙版,效果如图 4-3-37 所示。

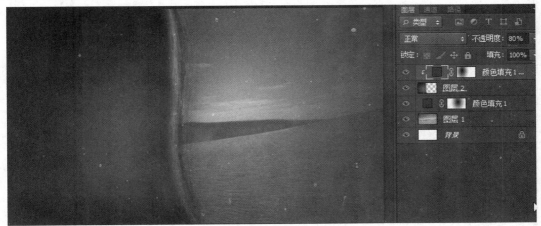

图 4-3-37 复制"颜色填充 1"图层

步骤 11:通过观察,在"颜色填充 1"图层的蒙版中,黑色的圆在右侧,还可以双击该蒙版,打开图 4-3-38 所示属性对话框,设置其羽化值等,让亮部色调更自然。再在拷贝的"颜色填充 1 副本"中,把黑色的圆移到左侧。最后,在水底图层里看到一块发光的区域,效图如图 4-3-39所示。

图4-3-38 "颜色填充1"属性设置

图4-3-39 蒙版编辑后的发光区域效果

步骤12：打开"素材/模块四素材/4.3素材"中的"模特"文件，进行水平翻转，用"快速选择工具""调整边缘"等方法把人物抠出来，双击图层，变成"图层0"，反选，按【Delete】键删除周围，背景为透明，用大半径橡皮擦擦除有羽化效果的头发及衣服部分，效果如图4-3-40所示。

图4-3-40 "模特"素材

步骤13：把人物拉进"水底穿越"文件中，按【Ctrl＋T】组合键调整大小以及位置，用自由套索工具把人物在水底图层的部分作为选区，如图4-3-41所示。通过"剪切"及"粘贴"生成新的图层。模特却变成两个图层，分别命名为"模特水底""模特沙漠"，调整"模特水底"图层模式为叠加，如图4-3-42所示。

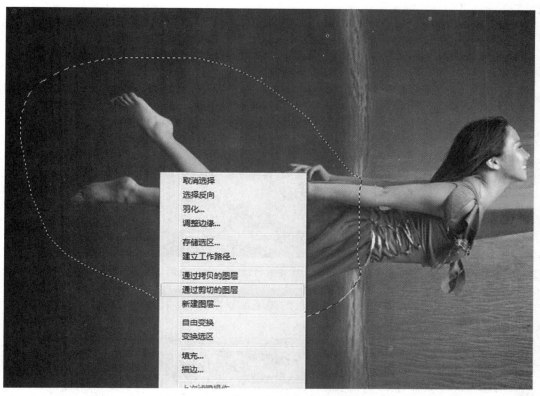

图 4 - 3 - 41　拖入"模特"素材并创建选区

图 4 - 3 - 42　剪切选区部分并复制为"模特水底"图层

步骤 14：新建"色调 1"和"图层 2"在"沙漠"图层上，然后将前景色设为＃ebdcc5，选择柔边圆笔刷在人物周围画一些调子，"色调 1"的笔刷流量（50 左右），图层透明度（45 左右），"图层

2"主要是在人物的周围加深调子,所以不修改透明度。选择"滤镜→模糊→高斯模糊"命令对两个图层进行模糊处理,效果如图 4-3-43 所示。

图 4-3-43　新建并编辑"色调 1"和"色调 2"

步骤 15:添加"曲线"调整图层,用黑色的画笔编辑蒙版,在人物的手臂、腹部、脸庞及头发边缘画几笔,增加亮度,效果如图 4-3-44 所示。

图 4-3-44　添加"曲线"调整图层

步骤 16:在"水底"图层下新建"图层 3",选择柔边圆画笔,黑色,点一下,拉伸成模特的影子,不透明度调整为 31%,效果如图 4-3-45 所示。重命名图层 3 为"人影"。

图 4 - 3 - 45　新建"图层 3",编辑"人影"

步骤 17:新建两个图层,分别命名为"大气泡""小气泡",选择"气泡"笔刷(如果没有可以从素材文件中载入)在人物的周围画一些气泡,不用太多,人物靠近水面的气泡画大一些,调整大小与图层透明度,效果如图 4 - 3 - 46 所示。

图 4 - 3 - 46　创建"大气泡""小气泡"两图层

步骤 18:打开"素材/模块四素材/4.3 素材"中的"水花"文件并拖入文件中,置于顶层,用柔边大半径橡皮擦擦掉头发和手臂脸庞上及周围多余的水花,按【Ctrl＋T】组合键选择"变形"

对形状进行适当调整。结果如图4-3-47所示。

图4-3-47 拖入"水花"素材并编辑

步骤19：复制水花图层，按【Ctrl＋T】组合键调整水花图层的副本，比原有图层大一些，将不透明度调至50，把周围多余水花用橡皮擦擦掉，结果如图4-3-48所示。

图4-3-48 复制"水花"图层

步骤20：打开"素材/模块四素材/4.3素材"中的"水影"文件，拖进文件中，设置为"模特水底"层的剪贴蒙版，结果如图4-3-49所示。

图 4 - 3 - 49　创建"模特水底"图层的剪切蒙版

步骤 21：修改"水影"图层的融合模式为"柔光"。选择"多边形套索工具"，并在工具选项栏设置 10 像素羽化值，在"水底"图层选择一段波浪，通过拷贝到图层，获得一个新图层，命名为"波浪"，图层透明度设置为 75，如图 4 - 3 - 50 所示。通过这一步提高了融合效果。

图 4 - 3 - 50　创建并编辑"波浪"图层

步骤 22：新建图层"透光"，渐变色设为 ♯ bcffe7（即较亮的水底颜色），选择"渐变工具"，渐变模式为"径向渐变"，拉一个光晕出来，按【Ctrl＋T】组合键变形，靠近水面的方向拉伸一下，最后透明度调整到 40 左右，效果如图 4 - 3 - 51 所示。

图 4 - 3 - 51　新建并编辑"透光"图层

步骤 23：在"透光"层之上再新建"渐变映射"调整图层，选择深灰（♯282828）到白渐变，图层融合模式选择"柔光"。

步骤 24：选择"渐变工具"，渐变颜色设置为♯ffcca2，径向渐变，新建名为"滤光"的图层，在水花和水面的交界处拉一个圆，调整图层色彩模式，透明度为 75％，效果如图 4 - 3 - 52 所示。

图 4 - 3 - 52　新建并编辑"滤光"图层

步骤 25：打开"素材/模块四素材/4.3 素材"中的"水鸟"文件，抠图后拖入"海底穿越"文件中,按【Ctrl＋T】组合键调整大小、位置等,最终效果如图 4－3－53 所示。

图 4－3－53　最终效果图

任务三:制作"向日葵"艺术照

打开"素材/模块四素材/4.3 素材/蒙版素材"的素材,利用"矢量蒙版"和"剪切蒙版"技术,进行图片和文字处理。操作步骤如下:

步骤 1:打开"素材/模块四素材/4.3 素材/蒙版素材"中的"向日葵"文件,将背景图层转化为"图层 0"。

步骤 2:将男孩的素材图片拖入文件中,生成"图层 1",调整大小使其比向日葵心部稍大一些,再用"自定义工具"中的椭圆工具绘制一圆,模式选为"路径"。

步骤 3:将男孩头部的矢量蒙版。选择"图层→矢量蒙版→当前路径"命令,即可以将图片装入当前路径之中,再调整大小和位置。用同样的方法处理女孩图片,结果如图 4－3－54 所示。

图 4－3－54　将路径设置为"矢量蒙版"

步骤 4:复制"图层 0",得到"图层 0 副本",输入"向阳花"文字并设置"描边"和"投影"样式,将"图层0副本"置于"向阳花"文字之上,并缩小该图层大小。

步骤5:利用"剪切蒙版"技术将"图层0副本"图片装入"向阳花"文本中。按住【Alt】键,将鼠标移到"图层0副本"和"向阳花"两图层的分隔线上,鼠标变为 时,单击鼠标。或者在"图层0副本"上单击鼠标右键,选择"创建剪贴蒙版",或者按下创建剪贴蒙版快捷键【Alt＋Ctrl＋G】。

图4－3－55 运用"剪切蒙版"制作"向阳花"文字

四、项目小结

Photoshop的移花接木技术对平面广告图形创意设计和图片后期处理具有非常重要的作用。本项目主要运用了移花接木的技术,通过使用图层蒙版、矢量蒙版、剪贴蒙版进行图像的融合等技术和后期处理,并进一步学习了调整图层在图像色调整中的应用。

项目四 图层的不透明度和混合模式应用

一、项目概述

1．项目描述

通过任务一"制作炫彩花朵"和任务二"圆点透视文字"的制作,主要学习图层混合模式和不透明度的设置,体会"叠加"等不同混合模式和不透明度的作用和效果。

2．学习目标

(1)了解图层不同混合模式的效果;

(2)掌握图层混合模式和不透明度的设置方法。

二、相关知识

1．图层的不透明度

选中需要调整透明度的图层,单击图层调板中的"不透明度"下拉列表框箭头,拖动滑块,实现改变图层的显示透明度。100％为完全不透明,0为完全透明即看不见该图层。也可以直接通过键盘输入数字来完成。

2.图层的混合模式

图层混合模式是相邻图层之间设置的不同的混合效果。默认状态下是"正常",即没有任何特殊效果。单击混合模式文本框的下拉箭头,可在下拉列表中选择合适图像处理效果的混合模式。下面具体来解释其中常用的几种不同的混合模式。

(1)正常。这是系统默认的混合模式,当图层的透明度为100%时,图层将完全覆盖下一个图层。

(2)溶解。根据当前图层不同的透明度值与下一图层随机进行混合,呈现出两个图层互相溶解的效果。

(3)变暗、变亮。选择显示图层中色彩较暗(或较亮)的颜色。

(4)正片叠底。将两个图层重叠部分进行混合,得到的效果是颜色变暗。

(5)颜色加深、颜色减淡。增加(减少)对比度,使上一层图像的色彩变暗(变亮)。白色(黑色)混合后不产生变化。

(6)线性加深、线性减淡。减少(增加)亮度,使上一层图像的色彩变暗(变亮)。白色(黑色)混合后不产生变化。

(7)滤色。将上一层图像中黑色的部分变得透明。

(8)叠加。将上下两层重叠地方的像素进行复合或过滤,原来色彩的亮度和对比度不变。

(9)柔光。以图层的灰亮度为基础,对比50%,暗的,采用"变亮",相反,采用"变暗"。

(10)强光。与"柔光"判断基础一致,只是柔光是对两端"变暗",暗的"变亮";而"强光"是让亮的"变亮",暗的"变暗"。

三、项目实施

任务一:制作炫彩花朵

本任务主要通过自定义工具的使用和图层的叠加,制作如图4-4-1所示的炫彩花朵。

图4-4-1 "炫彩花朵"效果图

步骤1：新建一个文件，参数如图4-4-2所示，将背景图层填充为黑色。

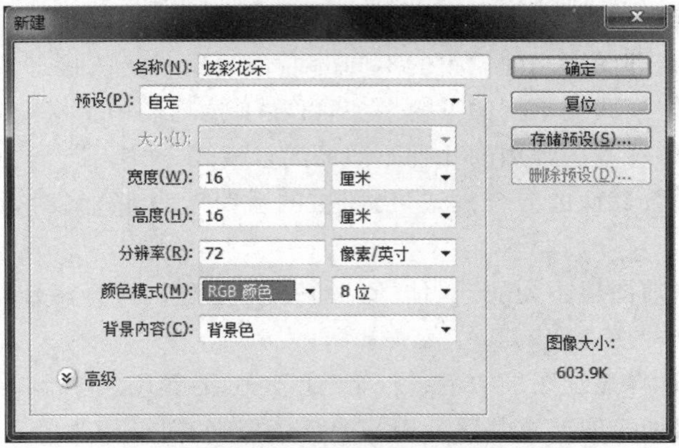

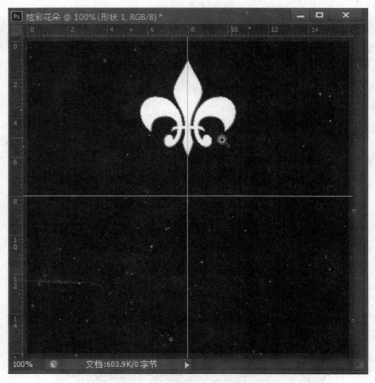

图4-4-2　新建文件

步骤2：将前景色设置为白色，显示标尺，拖水平、垂直两条辅助线，交点放在页面中心位置，选择矩形工具组中的自定形状工具，绘制一个自定义形状图形，并拖放到图4-4-3所示的位置。

图4-4-3　绘制自定义形状图形

步骤3：在菜单中选择"图层→栅格化→形状"命令。按【Ctrl】键，在图层面板中单击"形状1"图层载入选区，在菜单中选择"选择→修改→收缩"命令，收缩量设置为2像素，如图4-4-4所示；选择"选择→修改→羽化"命令，羽化量设置为5个像素，如图4-4-5所示；按【Delete】

键,效果如图 4-4-6 所示。

　　步骤 4:按【Ctrl+D】组合键取消选区,再按【Ctrl+T】组合键,将图形的旋转中心拖至页面中心,如图 4-4-7 所示,再在工具选项栏中输入角度 45 度,旋转图形,双击"确定",结果如图 4-4-8 所示。

图 4-4-4　收缩选区设置

图 4-4-5　羽化选区设置

图 4-4-6　删除选区内容后

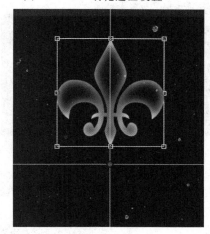

图 4-4-7　移动图形放置中心至页面中心

　　步骤 5:按住【Ctrl+Shift+Alt】组合键,再连按七下"T"键,复制出七个图层,组成的图形如图 4-4-9 所示。

图 4-4-8　放置图形 40 度

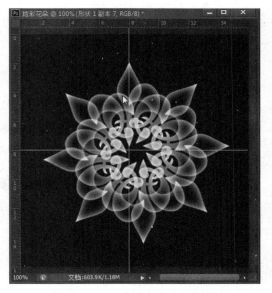

图 4-4-9　旋转复制七个图层

　　步骤 6:新建一个图层,将它的混合模式设置为"叠加",选择渐变工具,在工具栏中按下径向渐变按钮,选择一个预设的渐变。在图形中心单击并向外侧拖动鼠标填充渐变,图4-4-10、图4-4-11是填充图层生成的效果。另外,我们可以针对新建图层选择不同的混合模式,比较一下色彩效果。

图4-4-10　添加并编辑填充图层后效果1　　图4-4-11　添加并编辑填充图层后效果2

任务二:圆点透视文字

步骤1:新建文件,设置宽度为20厘米,高度为15厘米,分辨率为150像素/英寸,RGB色,如图4-4-12所示,单击"确定"按钮。

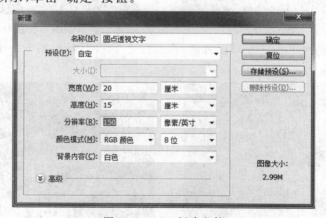

图4-4-12　新建文件

步骤2:单击"横排文字工具"**T**按钮,在图像中输入文字"come",文字字体、字号如图4-4-13顶端的文字工具选项栏所示,设置文本颜色为#999999,结果如图4-4-13所示。

图 4 - 4 - 13 输入文字"come"

步骤 3：按快捷键【Ctrl＋E】，将文字"come"层合并到背景图层，选中文字；执行"滤镜→像素化→彩色半调"命令，具体参数设置如图 4 - 4 - 14 所示，设置完毕后单击"确定"按钮，结果如图 4 - 4 - 15 所示。

图 4 - 4 - 14 载入选区并设置"彩色半调"

图 4 - 4 - 15 "彩色半调"效果

步骤 4：执行"选择→色彩范围"命令，弹出如图 4 - 4 - 16 所示对话框，设置"颜色容差"为100，选择对话框中的 按钮，勾选"反相（I）"选框，单击图像中某个黑色圆点，设置完毕后单击"确定"按钮，将从文字选区中减选掉文字中的所有黑色圆点像素，结果如图 4 - 4 - 17 所示。

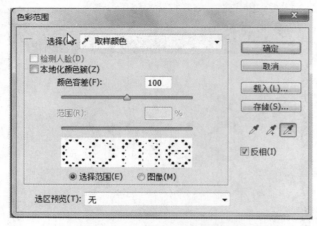

图 4-4-16　运用"色彩范围"编辑选区

图 4-4-17　编辑后的选区

步骤 5：单击"图层"面板下方的"创建新图层"按钮，创建"图层 1"，将前景色设为白色，按快捷键【Alt＋Delete】填充选区，填充完毕后按快捷键【Ctrl＋D】取消选区，如图 4-4-18 所示。

图 4-4-18　新建并编辑"图层 1"

步骤 6：将前景色设置为＃530267，选择"背景"图层，按快捷键【Alt＋Delete】填充前景色，得到的图像效果如图 4-4-19 所示。

图 4 - 4 - 19 编辑前景色

步骤 7：选择"图层 1"图层，按快捷键【Ctrl＋T】，弹出"自由变换"控制框，按住【Ctrl】键分别拖动变换框各角点，如图 4 - 4 - 20 所示变换图像，按【Enter】键确认操作。

图 4 - 4 - 20 自由变换"图层 1"

步骤 8：复制"背景"图层，得到"背景 副本"图层，选择"背景 副本"，在按住【Ctrl】键的同时，单击"图层 1"图层的图层缩览图，载入选区，按【Delete】键删除选区内图像，取消选区，如图 4 - 4 - 21 所示。

图 4 - 4 - 21 创建并编辑"背景 副本"图层

步骤 9：按【Alt】键将鼠标移到"图层 1"与"背景 副本"图层分隔线处单击，创建剪切蒙版，将其填充值设置为 50％，得到的图像效果如图 4 - 4 - 22 所示。

图 4 - 4 - 22　创建"图层1"剪切蒙版

步骤 10：选择"背景"图层，将前景色设为♯9d005b，单击"渐变工具"，在背景层填充从左下至右上的前景到背景的线性渐变，得到的图像效果如图 4 - 4 - 23 所示。

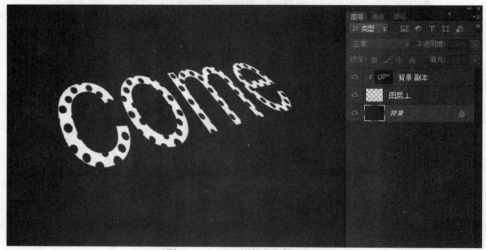

图 4 - 4 - 23　编辑"背景"图层

步骤 11：选择"图层 1"，单击图层面板下方的"添加图层样式"按钮 *fx*，在弹出的快捷菜单中执行"投影"命令，将投影颜色设为 fe00ac，其他参数设置如图 4 - 4 - 24 所示。

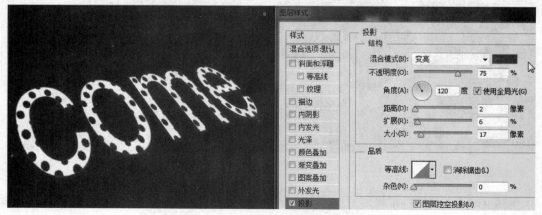

图 4 - 4 - 24　给"图层 1"设置"投影"

步骤 12：继续勾选"外发光"复选框，具体参数设置如图 4 - 4 - 25 所示，设置完毕后单击"确定"按钮，得到的图像效果如图 4 - 4 - 25 所示。

图 4 - 4 - 25　给"图层 1"设置"外发光"

步骤 13：选择"背景 副本"图层，单击"移动工具"按钮，按【↓】键 3 次，按【→】键 4 次，将其位置与原图形位置错开，制作立体透视效果，得到的图像效果如图 4 - 4 - 26 所示。

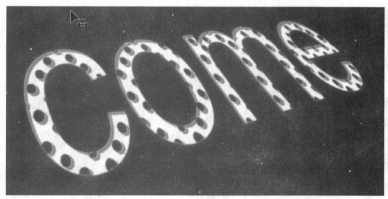

图 4 - 4 - 26　制作立体透视效果

步骤 14：新建"图层 2"，将其置于"背景"图层的上方，设置前景为白色，单击自定义"形状工具"，在选项栏中选择"填充像素"，选择如图 4 - 4 - 27 所示的形状（如果没有，可按按钮，在菜单中选择"全部"进行追加），拖动鼠标在图像中绘制图像，图像效果如图 4 - 4 - 27 所示。

图 4-4-27　新建并编辑"图层 2"

步骤 15：执行"编辑→变换→水平翻转"命令，得到的图像效果如图 4-4-28 所示。

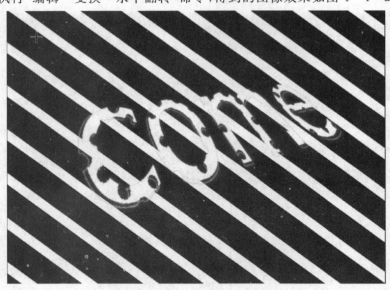

图 4-4-28　水平翻转"图层 2"

步骤 16：按【Ctrl】键单击"图层 2"，载入选区，按【Delete】键删除选区内图像，得到的图像效果如图 4-4-29 所示。

图 4-4-29 删除"图层 2"选区内图像

步骤 17：保持选取不变，执行"编辑→描边"命令，具体参数设置如图 4-4-30 所示，设置完毕后单击"确定"按钮，按快捷键【Ctrl＋D】取消选区，得到的图像效果如图 4-4-30 所示。

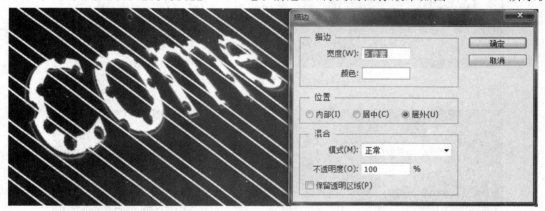

图 4-4-30 给"图层 2"选区描边

步骤 18：选择"图层 2"，将图层 2 的不透明度设置为 50％，图层混合模式更改为"叠加"，为其添加图层样式的"内阴影"和"投影"效果，具体参数设置如图 4-4-31、4-4-32 所示，设置完毕后单击"确定"按钮，得到的图像效果如图 4-4-33 所示。

图 4-4-31　设置内阴影图层样式

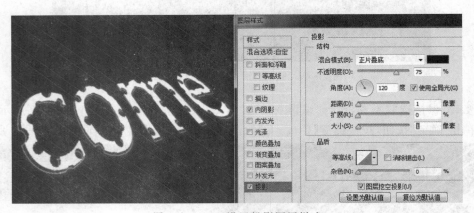

图 4-4-32　设置投影图层样式

图 4-4-33　设置"内阴影"和"投影"后的效果

步骤 19：新建"图层 3"，单击"矩形选框工具"，在图形中绘制如图 4-4-34 所示的矩形选区。将前景色设为#9e005c，按快捷键【Alt+Del】填充选区，填充完毕后按快捷键【Ctrl+D】，取消选区，"图层 3"的图层混合模式更改为"正片叠加"，得到的图像效果如图 4-4-33 所示。

图 4-4-34　创建"图层 3"

　　步骤 20：单击"横排文字工具"，在选项栏中设置文字的字体为 Castellar、字号为 18 点，颜色为白色，输入文字，得到的最终效果如图 4-4-35 所示。

图 4-4-35　最终效果

四、项目小结

　　本项目运用自定义形状、内发光、描边、复制图像等制作图形。在其他图层条件不变的条件下，选择不同的混合模式将影响图层混合后的色彩效果。

项目五　动作和批处理

一、项目概述

1. 项目描述

我们在进行图形图像处理时,往往需要对大量图片进行同样的操作,如对网店图片添加水印,如果一张一张处理,不但需要很多重复的劳动,而且很难保证图片处理效果的统一性。Photoshop 中的"动作"功能可将一连串命令或操作集中在一个"动作"中,再结合"批处理"命令则可以对图片文件进行批量处理,大大提高操作效率,保证图片处理效果的统一性。本项目将重点介绍"动作"面板的使用,同时结合"批处理"命令对批量文件进行自动化操作。

2. 学习目标

(1)掌握"动作"的录制、编辑和播放;
(2)运用"动作"和"批处理"命令进行图片的自动化处理。

二、相关知识

1. 动作

在 Photoshop 中,"动作"就是对某个或多个图像文件作一系列连续处理的命令的集合。通过"窗口→动作"命令,可以打开如图 4-5-1 所示的"动作"调板。

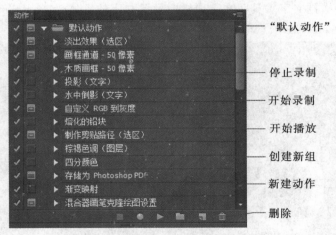

图 4-5-1　"动作"调板

默认情况下,Photoshop"动作"调板中自带"默认动作"序列,该序列是一系列动作的集合,而每一组动作又是一系列操作和命令的集合,用户可以根据具体图片处理需要选择播放某一个动作,用户也可以通过"创建新组"按钮创建其他序列(组)。

"动作"调板底部还有一组"动作"操作按钮,从左到右分别为"停止录制""录制""播放""创建新组""新建""删除"按钮。

"动作"的操作重点包括如下:

(1)录制动作:单击"动作"调板中的"新建动作"按钮,打开"新建动作"对话框。在该对话框中输入动作的名称、该动作所对应的功能键以及将所录制的动作放在哪个动作序列中等,单击"记录"按钮开始录制,此时,可以发现调板下方的录制按钮呈按下去的状态,显示为红色。

(2)编辑动作:动作的录制通常很难做到一次成功,一般会对其进行编辑,其中包括调整移动、复制、删除命令,在动作中添加命令以及重新录制等。如果要复制动作到其他的序列或将命令复制到其他的动作中,只要在按住【Alt】键的同时将动作或命令拖曳至需要复制的位置即可。

(3)播放动作:执行动作时,先选中要执行的动作,然后单击"动作"调板上的"播放"按钮,或者按该动作的功能键即可把"动作"中记录的操作命令应用到图像中。

2.批处理

Photoshop CS6 除了"动作"功能以外,还提供了文件自动化操作功能,这就是批处理。"动作"主要应用于一个文件或一个效果,批处理可实现对多个图像文件的成批处理。在实际应用中,动作往往和批处理配合使用。

Photoshop CS6 提供的文件自动化处理功能位于"文件→自动→批处理"中。打开"批处理"对话框后,可以在"批处理"对话框中选择调用某个动作,实现一次对源文件夹中多张照片自动处理。"批处理"对话框及其设置见任务三。

三、项目实施

任务一:用"动作"制作"炫彩花朵"

该任务可分两部分完成,首先,通过项目四任务一的步骤 1 至步骤 4 制作图 4-5-2 所示的图形。之后,再通过"动作"完成"形状 1"图层的复制。

图 4-5-2 "形状 1"图层

操作步骤如下：

步骤1：打开"动作"调板，单击"新建"按钮，出现图4-5-3"新建动作"对话框，输入动作名称，选择"组"和"功能键"等，再按下"记录"按钮，即可对后边的操作步骤进行录制，面板底部"录制"按钮变红。

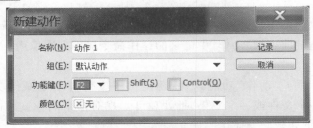

图4-5-3 "新建动作"对话框

步骤2：录制动作。复制"形状1"图层，按【Ctrl+T】组合键，将旋转中心拖到中心位置，输入旋转角度为"45"，双击"确定"，按下按钮结束录制，查看"动作"和"图层"面板（见图4-5-4）可知，"动作1"中录制了复制和旋转"形状1"的两个操作。

图4-5-4 "录制"动作

步骤3：播放"动作1"。按"动作"面板下方的"播放"按钮，或按下步骤1中设置的功能键【F2】，播放该动作，结果如图4-5-5所示。

图 4-5-5 动作"播放"的结果

步骤 4：删除原"形状 1"图层并合并所有复制图层。我们仔细观察"形状 1"图层，不难发现其与复制的一个图层重叠，删除原"形状 1"图层，合并所有复制图层。

步骤 5：完成颜色填充，方法同项目四任务一中的步骤 6。

任务二："爱心"绽放

步骤 1：新建文件，大小为 400 像素×400 像素，打开标尺，在图像中心拉出两条参考线，新建"图层 1"，在图像左边绘制一个红色的爱心，如图 4-5-6 所示。

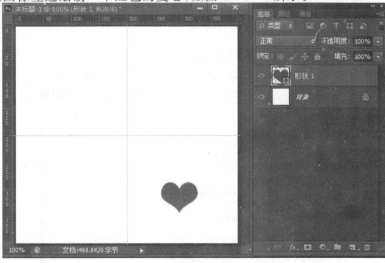

图 4-5-6 创建"形状 1"图层

步骤2：打开动作面板，新建"动作2"，选择功能键【F3】，开始录制动作，如图4-5-7所示。复制"图层1"，按住【Ctrl＋T】组合键进行自由变换，修改旋转中心至两条参考线中点，如图4-5-7所示。

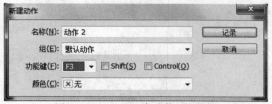

图4-5-7 "新建动作"对话框

步骤3：然后在选项栏修改图层1副本图像比例为95％，旋转角度为25度，如图4-5-8所示，双击"确认"变换。

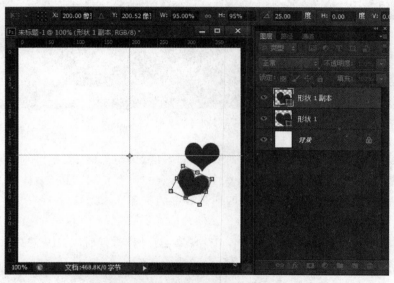

图4-5-8 复制并放置得到"形状1副本"图层

步骤4：选择"图层→栅格化→形状"命令，再选择"图像→调整→色相/饱和度"命令，将色相改为＋15，如图4-5-9所示，按"确定"后，停止动作录制，效果如图4-5-10所示。

图4-5-9 调整"色相/饱和度"

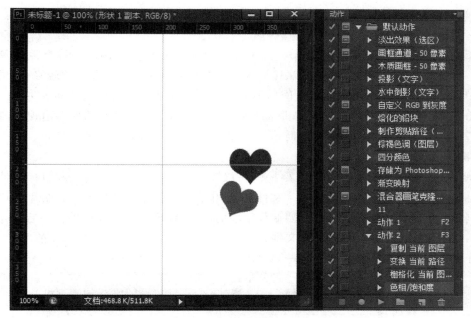

图 4 - 5 - 10　动作录制完成

步骤 5：一直按【F3】功能键，得到一个旋转的爱心变化图案，如图 4 - 5 - 11 所示。

图 4 - 5 - 11　动作播放后效果

步骤 6：合并除背景图层以外的所有图层。

任务三:用"动作"和"批处理"为多张图片加水印

1.任务描述

水印主要包括网店的店名和 logo,它是网店商家避免被他人冒用的一种有效自我保护手段,也是网店对侵权行为的一种有效法律证据。但是由于网店销售的商品比较多,如果在每个商品图片中制作水印就会严重影响网店管理者的精力,造成巨大的人力资源浪费,而依托 Photoshop 软件就可以很好地实现成批水印制作。一般水印以不透明的形态出现在商品图片中的显著位置,水印制作的程序比较简单,它只需要在图片中添加一个图层即可。

2.操作步骤

步骤 1:在 E 盘上创建"批处理"文件夹,在该文件夹中再创建源文件夹和目标文件夹。在制作成批的水印之前,首先要创建两个文件夹,其中:一个存放欲制作水印的图片,即"源文件夹",命名为"未制作水印",打开所有要制作水印的图片,调整尺寸到同样的大小后保存到该文件夹中,如图 4-5-12 所示;另一个文件夹叫"目标文件夹",存放制作好水印的图片,命名为"制作好水印",两个文件夹存放在同一目录下——"批处理"文件夹中。

图 4-5-12 "未制作水印"文件夹

步骤 2:制作水印图案。新建一个 150 像素×150 像素的文件,背景设置为黑色,输入文字"亲新宝贝工作室",字体为琥珀体,字号为 14 点,颜色为白色,保存到"批处理"文件夹中,命名为"水印",如图 4-5-13 所示。

图 4-5-13 制作水印图案

步骤 3:录制"制作水印动作"。双击打开"未制作水印"文件夹中的一张图片,打开"动作"面板,按"创建新动作"按钮,命名为"水印",随后开始录制水印制作过程,将已经制作好的水印图片打开,对水印图层文字进行选择、复制操作,然后再选择商品图片文件,进行"粘贴"操作,调整水印图片的大小、位置以及透明度等,结果如图 4-5-14 所示,将水印图片与商品图片进行拼合图层处理,然后将制作好的水印图片保存在"制作好水印"文件夹中;再次点击"动作"面板中的停止录制按钮,并且删除"制作好水印"文件夹中的图片。

图 4 - 5 - 14　给图片添加水印

步骤 4：选择"文件→自动→批处理"命令，打开如图 4 - 5 - 15 所示的"批处理"对话框，选择动作为"水印"，源文件夹为"未制作水印"，目的文件夹为"制作好水印"，勾选"包含所有子文件夹""禁止颜色配置文件警告"两个选项后，点击"确定"。

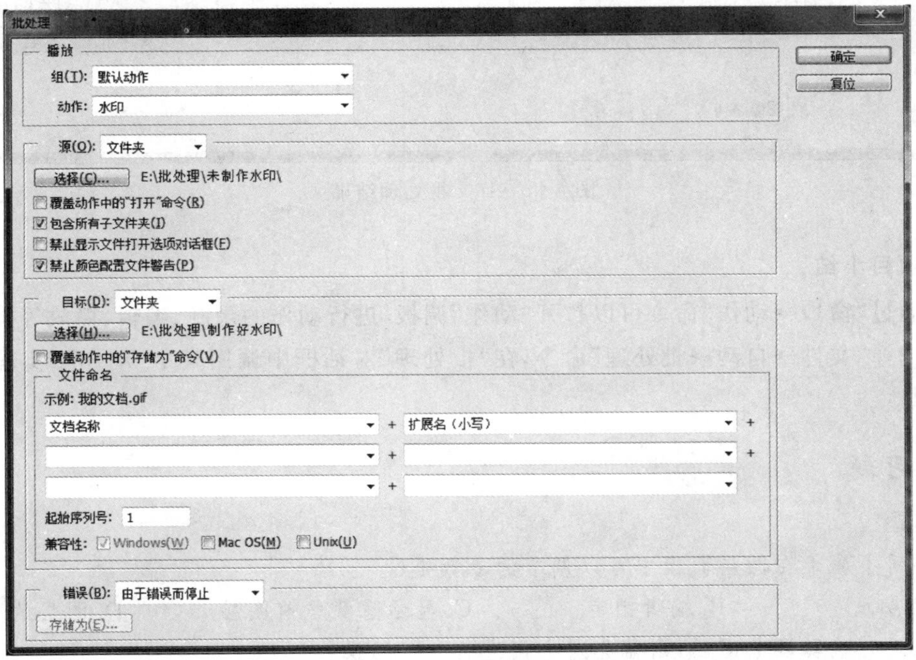

图 4 - 5 - 15　"批处理"设置

步骤 5：打开"已制作水印"文件夹，则可以看到制作结果，为每张图片都加上了水印，如图 4 - 5 - 16 所示，通过上述几个步骤快速地实现了商品图片水印的批量制作。用同样的方法也可以实现图片的边框批处理等。

图 4-5-16   批处理结果

四、项目小结

(1)通过"窗口→动作"命令可以打开"动作"调板,进行动作的录制、编辑、播放等操作;

(2)选择"文件→自动→批处理"命令,在"批处理"对话框中调用某个"动作",实现图片的批量处理。

 练习题

单选题

1.下列不属于在图层面板中可以调节的参数是(   )。

A. 透明度   B. 编辑锁定   C. 显示隐藏当前图层   D. 图层的大小

2.要同时移动多个图层,则需先对它们进行(   )操作。

A. 图层链接   B. 图层格式化   C. 图层属性设置   D. 图层锁定

3.要将"图层"面板中的多个图层进行自动对齐和分布,正确的操作步骤为(   )。

A. 将需要对齐的图层先执行"图层→合并图层"命令,然后单击属性栏内的对齐与分布图标按钮

B. 将需要对齐的图层名称前的 图标显示,然后单击属性栏内的对齐与分布图标按钮

C. 按住【Shift】键将多个图层选中,然后单击属性栏内的对齐与分布图标按钮

D. 将需要对齐的图层先放置在同一个图层组中,然后单击属性栏内的对齐与分布图标按钮

4.应用于图层的效果可以变为图层自定样式的一部分,如果图层具有样式,"图层"面板中

图层名称右侧将出现一个  图标,可以将这些图层样式存储于(　　　)面板中以反复调用。

 A. 图层样式　　　　　B. 样式　　　　　　　C. 图层复合　　　　　　　　D. 动作

 5. 要应用"样式"面板中存储的样式来制作图 A 所示按钮,先绘制出一个圆角矩形(见图 B),然后单击"样式"面板中的样式图标,此时不能得到相应效果的原因是(　　　)。

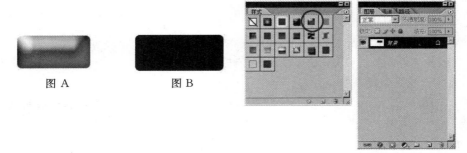

图 A　　　　　　图 B

 A. 样式不能应用于圆角矩形

 B. 要先制作选区,才能应用样式

 C. 样式不能应用于锁定的背景层,必须新建一个图层

 D. 样式只能应用于图层组

 6. 利用"图层样式"的功能,可以制作出下图中的透明按钮效果,你认为在"投影"和"内发光"之外,显然还用到了下列选项中的(　　　)样式。(高光部分除外)

 A. 外发光　　　　　　B. 内阴影

 C. 光泽　　　　　　　D. 斜面和浮雕

 7. 下面关于图层的描述不正确的是(　　　)。

 A. 任何一个图像图层都可以转换为背景层

 B. 图层透明的部分是有像素的

 C. 图层透明的部分是没有像素的

 D. 背景层可以转化为普通的图像图层

 8. 下面可以将图层中的对象对齐和分布的图层类型是(　　　)。

 A. 调节图层　　　　　B. 链接图层　　　　　C. 填充图层　　　　　　　　D. 背景图层

 9. 图层较多的情况下,可以通过"图层组"来对图层进行分类管理。在"图层"面板中点中(　　　)按钮可以快速创建新的"图层组"。

 A.   B.   C.   D.

 10. 要将"图层"面板中的背景层转变为普通图层可采用的方法是(　　　)。

 A. 在"图层"面板中直接对背景层的名称进行修改

 B. 先在背景层图标上双击鼠标,然后在弹出的"新建图层"对话框中修改图层属性

 C. 单击背景层上的按钮 🔒

 D. 点中背景层图标,按【Enter】键

 11. 要使某图层与其下面的图层合并可按(　　　)快捷键。

 A. Ctrl＋K　　　　　B. Ctrl＋D　　　　　C. Ctrl＋E　　　　　　　D. Ctrl＋J

12. 与前一图层编组的快捷键是（　　　）。

A. Ctrl＋G　　　　　B. Ctrl＋D　　　　　C. Ctrl＋E　　　　　D. Ctrl＋J

13. 复制多个智能对象的快捷键是（　　　）。

A. Ctrl＋G　　　　　B. Ctrl＋D　　　　　C. Ctrl＋E　　　　　D. Ctrl＋J

14. 下面对图层蒙版的描述不正确的是（　　　）。

A. 图层蒙版相当于一个 8 位灰阶的 Alpha 通道

B. 当按住【Alt】键单击图层调板中的蒙版缩略图，图像中就会显示蒙版

C. 在图层调板的某个图层中设定了蒙版后，同时会在通道调板中生成一个临时 Alpha 通道

D. 在图层上建立蒙版只能是白色的

15. 在工具箱底部有两个按钮，分别为"以标准模式编辑"和"以快速蒙版模式编辑"，通过"快速蒙版"可对图像中的选区进行修改，请问按键盘上的（　　　）键可以将图像切换到"以快速蒙版模式编辑"状态（在英文输入状态下）。

A. 字母 A　　　　　B. 字母 C　　　　　C. 字母 Q　　　　　D. 字母 T

16. 下列图层类型中能够添加图层蒙版的是（　　　）。

A. 文字图层　　　　B. 图层组　　　　　C. 透明图层　　　　D. 背景图层

17. 下列对调节图层描述错误的是（　　　）。

A. 调节图层可以调整不透明度　　　　B. 调节图层带有图层蒙版

C. 调节图层不能调整图层混合模式　　D. 调节图层可以选择"与前一图层编组"命令

18. 通过图层面板载入某图层选区的方法是（　　　）。

A. Alt＋单击图层图标　　　　　　　B. Shift ＋单击图层图标

C. Ctrl＋单击图层图标　　　　　　　D. 双击图层图标

19. 选择某一种图层混合模式的快捷键是（　　　）。

A. Ctrl＋Alt＋＊　　B. Ctrl＋Shift＋＊　　C. Shift＋Alt＋＊　　　D. 都不是

20. 将某一图层移到最上面的快捷键是（　　　）。

A. Ctrl＋Shift＋[　　　　　　　　　B. Ctrl＋Shift＋]

C. Shif＋Alt＋]　　　　　　　　　　D. Shif＋Alt＋[

模块五　路径、形状和文本

模块导读

　　在本模块的诸多任务中,不论是绘制一个形状不规则而造型优美的对象,还是从给定素材中抠出一个边缘曲线流畅的选区,使用以往学过的魔棒、套索工具组等方法很难达到目的。Photoshop 的钢笔和路径选择工具组则可以绘制任意形状的路径,然后将路径转换为我们所需要的选区,达到抠图或绘制造型的目的,还可以通过路径绘制造型优美的曲线和艺术字等。

　　在各类设计过程中,有些造型我们会反复用到,如果每次都从头绘制将会增加很多工作量,Photoshop 形状工具组中所提供的各种工具可以绘制系统预设的多种形状或路径。

学习目标

知识目标:

1.理解 Photoshop CS6 路径的概念,掌握路径调板的组成和应用;

2.掌握钢笔和路径选择工具组各种工具的应用方法和属性栏选项设置;

3.理解和掌握形状工具组的各种工具的应用方法和属性栏选项设置;

4.掌握文本工具组的各种工具的应用方法和属性栏选项设置。

能力目标:

1.能正确运用钢笔和路径选择工具组中各种工具及路径调板,创建、编辑和管理路径;

2.能合理选择形状工具组中形状工具并在属性栏中设置选项,绘制形状或路径等;

3.能熟练进行形状、路径和选区的转换与编辑;

4.能合理选择文本工具组中的工具并在属性栏中设置文本选项,进行文本的编辑;

5.能综合运用"路径""形状""文本"工具组中的工具,进行造型或艺术字等编辑。

项目一　钢笔和路径选择工具组

一、项目概述

1.项目描述

利用 Photoshop 的钢笔和路径选择工具组中的工具可以绘制任意形状或路径。

　　任务一中背景图是层层叠叠、曲线柔美的梯田和水中涟漪,茶杯外形也是造型优美的曲线,再配上自然舒展的白色卷轴,整个画面自然曲美。而其中的茶杯和卷轴素材需要通过运用路径工具组中的工具创建和编辑路径,然后转换为选区实现抠图。

　　任务二中飘逸的曲线也是通过路径的编辑实现的。

2.学习目标

(1)理解 Photoshop CS6 路径的概念和路径调板的功能和应用;

（2）能运用钢笔工具组中工具、路径调板等，创建、编辑和管理路径；

（3）掌握路径的编辑相关快捷键操作。

二、相关知识

1. 钢笔工具组（见图 5-1-1a）

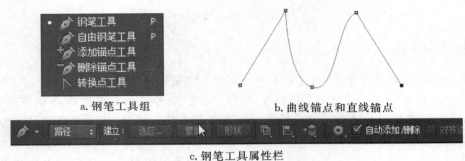

a. 钢笔工具组　　　　　b. 曲线锚点和直线锚点

c. 钢笔工具属性栏

图 5-1-1　钢笔工具组及其工具属性栏

锚点：用来控制图形的外观，分为直线锚点和曲线锚点等，如图 5-1-1b 所示。

钢笔工具属性栏：当选择钢笔工具描绘路径时，在该属性栏中设置相关选项，如在第二个下拉按钮中可选择绘图结果为路径、形状或像素，选择 ☑自动添加/删除 选项时，当钢笔位于路径上可以自动添加或删除锚点。如图 5-1-1c 所示。

- 钢笔工具：可以通过它创建直线锚点和曲线锚点来绘制连续的直线或曲线。
- 自由钢笔工具：可以像使用铅笔在纸上绘图一样来绘制图形。
- 添加锚点工具、删除锚点工具、转换点工具：用来添加、删除锚点或转换锚点类型，从而方便调整图形的形状。

注：使用转换点工具时，按【Alt】键可使锚点两边曲线的形状分别编辑，实现曲直线的改变。

2. 路径选择工具组（见图 5-1-2）

a. 路径选择工具组　　　b. "直线选择工具"的应用　　　c. "路径选择工具"的应用

图 5-1-2　路径选择工具组及其应用

- 直接选择工具：用来选择、移动锚点或锚点的方向控制杆，从而改变图形的形状。
- 路径选择工具：用来选择、移动或复制形状或路径。

利用"直接选择工具"可选择并移动路径上的一个或者多个节点，而"路径选择工具"用来移动整个路径。

三、项目实施

任务一：茶道（路径抠图案例）

步骤 1：新建一个文件，参数设置为宽度 21cm、高度 29.7cm、分辨率 72 像素/英寸、RGB

颜色模式,命名为"茶道"。

步骤 2:打开"素材/模块五素材/5.1 素材",将"茶山 1"拖入文档中生成"图层 1",按【Ctrl＋T】组合键调整大小,再调整底部位置到画布 1/4 之上,结果如图 5－1－3 所示。

图 5－1－3 拖入"茶山 1"生成"图层 1"

步骤 3:接着打开"素材/模块五素材/5.1 素材"中的"茶山 2"文件,拖入文档中生成"图层 2",适当调整大小及位置,如图 5－1－4 所示。

图 5－1－4 拖入"茶山 2"生成"图层 2"

步骤 4:用"亮度/对比度"以及"曲线"中的"红、绿、蓝"通道适当调整"图层 2"的色调,让其与"图层 1"色调接近,参数设置及效果如图 5－1－5、图 5－1－6、图 5－1－7、图 5－1－8、图 5－1－9 所示。

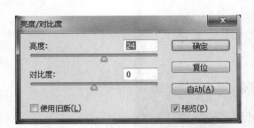

图 5-1-5 调整"亮度/对比度"

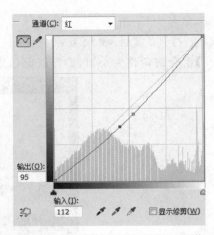

图 5-1-6 "曲线"中调整"红"通道

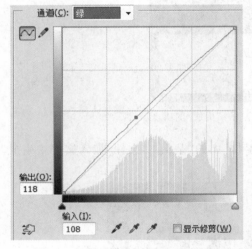

图 5-1-7 "曲线"中调整"绿"通道

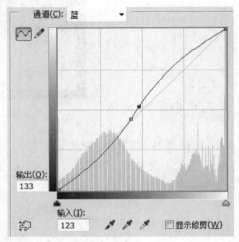

图 5-1-8 "曲线"中调整"蓝"通道

图 5-1-9 茶山色调调整结果

步骤 5：给图层 2 添加图层蒙版，并用硬度为 0、大小为 100 左右的画笔工具进行涂抹，前景色为黑色，背景色为白色，将过渡边缘进行融合处理，效果如图 5-1-10 所示。

图 5-1-10 "图层 2"添加并编辑蒙版

步骤 6：打开"素材/模块五素材/5.1 素材"中的"水滴"文件，拖入文档中生成"图层 3"，适当调整大小及位置，删除水珠周边白色部分，并通过"色相/饱和度"以及"曲线"中的"红、绿、蓝"通道调整其色调，让其更蓝一些，效果如图 5-1-11 所示。

图 5-1-11 拖入"水滴"生成"图层 3"

步骤 7：打开"素材/模块五素材/5.1 素材"中的"画轴纸"文件，利用钢笔工具组建立如图 5-1-12 所示的路径。

提示：建立路径锚点不是越多越好，锚点的位置很关键，要放在弯曲方向及曲率有变化的位置。

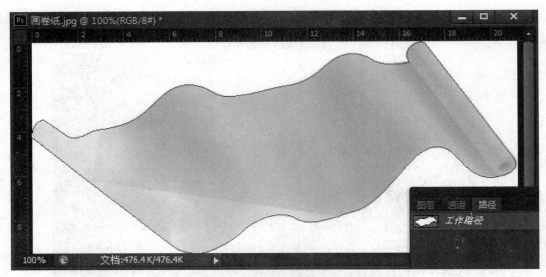

图 5 - 1 - 12　用钢笔工具组创建和编辑路径

步骤 8:选择路径面板下方,将路径转化为"选区"按钮 ![按钮],用移动工具将选区内的图片部分移至"茶道"文件中,调整大小、方向和位置,结果如图 5 - 1 - 13 所示。

图 5 - 1 - 13　拖入选区内容生成"图层 4"

步骤 9:打开"素材/模块五素材/5.1 素材"中的"茶杯"文件,用同样的方法,将其复制到"茶道"文件中,调整大小和位置,结果如图 5 - 1 - 14 所示。

图 5-1-14　抠取并拖入"茶杯"素材

　　步骤 10：打开"素材/模块五素材/5.1 素材"中的"茶叶"文件，用魔棒或其他工具抠选出叶子，移到"茶道"文件中，将图层命名为"茶叶"。将"茶叶"图层复制多个并分别调整各图层茶叶的大小和位置。新建图层组"组 1"，将所有茶叶图层拖至"组 1"中，结果如图 5-1-15 所示。

图 5-1-15　拖入并复制"茶叶"，创建图层"组 1"

　　步骤 11：选择文字工具输入"茶""道""安溪"文字，生成三个文字图层，参数设置及效果如图 5-1-16 所示。

图 5 - 1 - 16　输入并编辑文字

步骤 12：给"茶"和"道"设置图层样式中的"投影"效果。先设置"道"的图层样式，参数设置如图 5 - 1 - 17 所示。之后，右击"道"图层，在菜单中选择"拷贝图层样式"，再右击"茶"图层，选择"粘贴图层样式"，将图层样式复制到"茶"图层，最终结果如图 5 - 1 - 18 所示。

图 5 - 1 - 17　设置"投影"效果

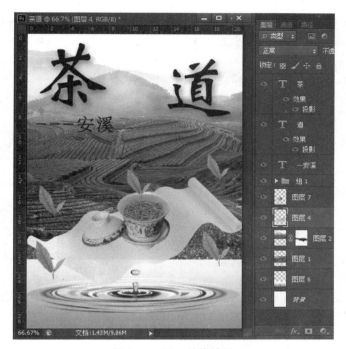

图 5 - 1 - 18 最终效果

任务二:"约惠春天"海报制作

步骤 1:新建文件,进行相关参数设置:大小为 600 像素×400 像素,分辨率为 72 像素/英寸,颜色模式为 RGB 色,背景色为白色。新建"图层 1",选择"渐变工具",颜色渐变从♯f9ff94到♯d9eeca 到 73c048,渐变方式为从左下角到右上角的线性渐变,效果如图 5 - 1 - 19 所示。

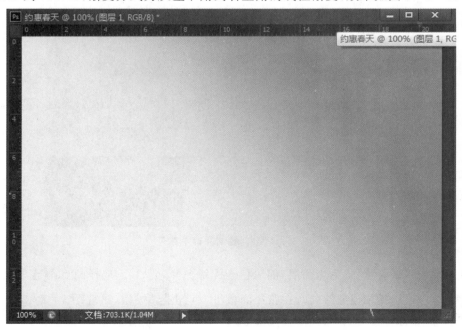

图 5 - 1 - 19 新建文件,背景填充

步骤2：新建图层，命名为"线条"，使用"钢笔工具"组 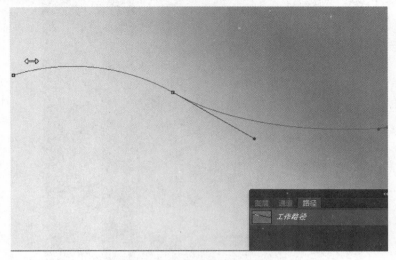 中的工具绘制并编辑如图
5－1－20所示的曲线形状路径，打开路径面板，即可看到相应的"工作路径"。

图5－1－20　绘制并编辑路径

步骤3：按"直接选择工具组"按钮 ，选择"路径选择工具"或"直接选择工具"，按【Alt】
键移动鼠标到路径曲线上时，鼠标旁出现"＋"号，则可以通过拖动路径曲线进行复制，重复2
次，则有3条路径。通过钢笔工具组中的工具适当调整它们的锚点位置和形状，结果如图5－1－21
所示。

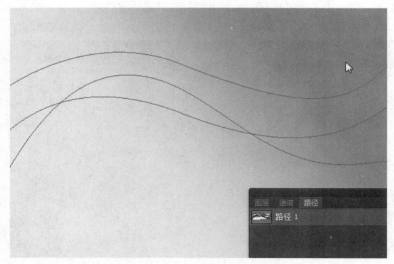

图5－1－21　复制并调整路径

步骤4：设置"线条"图层为当前层，前景色为深绿色♯0a7a1c。选择圆点画笔，大小为5像
素，硬度为100％。按【Alt】键的同时在路径面板下方点击 ◯ 按钮，出现图5－1－22所示对话
框，选用"画笔"描边路径，对线条图层应用斜面和浮雕样式，参数设置如图5－1－23所示，结
果如图5－1－24所示。

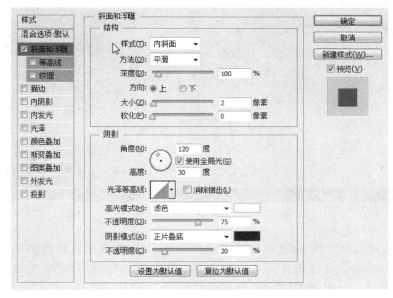

图 5-1-22 选择"描边路径"工具

图 5-1-23 线条图层设置"斜面和浮雕"

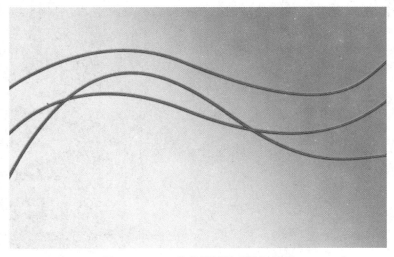

图 5-1-24 线条图层样式设置效果

步骤 5：新建图层命名为"圆点"，在形状工具中选择椭圆工具，选择填充像素，前景设为 ♯e1eb55，在图层上绘制多个圆点，大小和透明度可以变换，再新建图层 2、3、4 三个图层，绘制透明的气泡（如果有困难，参看图 5-1-31 制作），再创建"组 1"，将四个图层拖入"组 1"中，结果如图 5 - 1 - 25 所示。

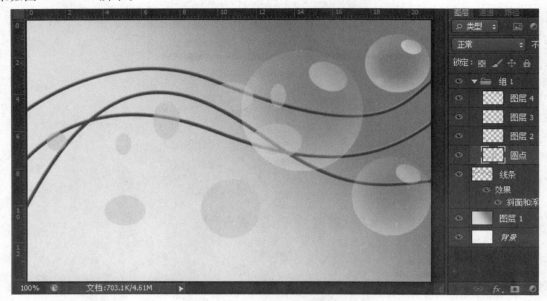

图 5 - 1 - 25 创建气泡图层"组 1"

步骤 6：新建图层命名为"绿色音符"，设置前景色为绿色，在工具箱的矩形工具组中选择"自定形状工具"，选择绘图模式为"像素"，在形状中选择载入"全部"形状并追加，选择"音符"，在该图层上绘制音符，结果如图 5 - 1 - 26 所示。

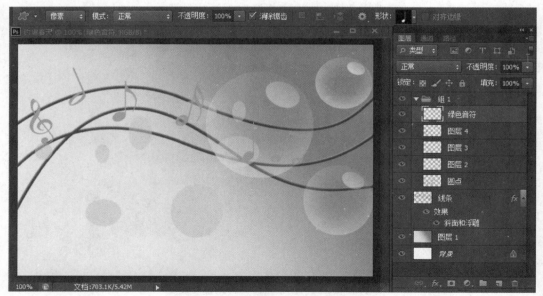

图 5 - 1 - 26 创建并编辑"绿色音符"图层

步骤 7：选择"文本工具"，字体设置为楷体，字号为 11 号，段落文本设置为右对齐，在右上角输入一段文字（文字内容为：流行原本就是生活态度，将怀旧的情绪与生命的思考穿在身上，纷繁的世象 已化作辗转叠覆的色块及线条，这一季 让衣衫跟随心情飘动，这一季流行已将优雅推向极致),如图 5-1-27 所示。

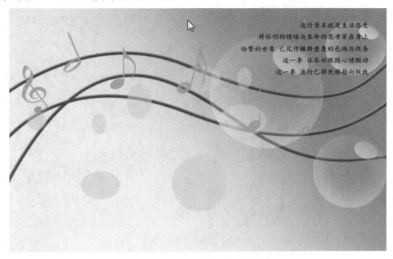

图 5-1-27 编辑文本图层

步骤 8:打开"素材/模块五素材/5.1 素材"中的"三美女"图片,选择"魔棒工具",选择背景,然后反选图像,使用"移动工具",将图像移动到当前文件中,调节图层顺序到渐变色之上,将图像自由变换到适合大小应放在左下角,效果如图 5-1-28。

图 5-1-28 拖入"三美女"图片

步骤 9:在工具箱中选择"文本工具",选择字体为楷体,字号为 48 点,字体颜色为绿色,输入文字"约会春天",使用选择工具和修图工具删除文字中的个别笔画。

步骤 10:新建图层保持前景色为绿色,选择工具箱中的"自定形状工具",在选项栏中选择路径,然后选择"螺旋"状图案,填充所绘制的图像为前景色,自由变换大小和旋转度,然后放在所缺笔画的字上,用同样的方法绘制出另一个,最后合并"约惠春天"的三个图层,结果如图 5-1-29 所示。

图 5 - 1 - 29 编辑"约会春天"艺术字

步骤 11:最后输入文本"16/西/雅/春/装/全/面/上/市",最终效果图如图 5 - 1 - 30 所示。

图 5 - 1 - 30 最终效果

提示:气泡的制作方法。

新建文件,大小为 400 像素×400 像素,填充背景为蓝色,新建图层,使用"椭圆工具"绘制正圆形,然后选择"渐变工具",编辑渐变,颜色设置为 50% 的白色到透明,在工具箱上选择"椭圆工具",选项栏中设置羽化像素为 10 像素,在右上角绘制一个椭圆形。用同样的方法在左下角绘制一个小的椭圆,填充颜色,透明度设置为 50%,使用"移动工具",再将图 5 - 1 - 31 所示的气泡移动到其他图中。

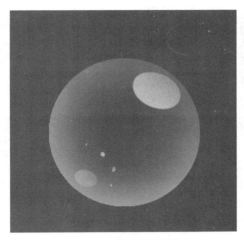

图 5-1-31 气泡效果图

四、项目小结

美工设计技巧:任务一在设计上选择梯田茶园为背景,再配上优质的水源,充分彰显了产品的品质,没有污染,迎合消费者的心理需求;任务二通过使用鹅黄到绿渐变色作为背景,烘托青春的气息,再配上飘逸的流线、气泡和音符,使人感觉清新活力。

应用技术:任务一中使用钢笔工具组来抠取流线优美的对象;任务二用钢笔工具及用路径选择工具组进行路径的绘制与编辑。

项目二 形状、路径和选区的转换与编辑

一、项目概述

1. 项目描述

该项目任务由形状各异的色块或图形填充设计而成,简洁美观。这些形状各异的造型是通过形状工具或路径工具绘制,并进行适当编辑,最后配上广告文字形成最终版面。

2. 学习目标

(1)理解 Photoshop CS6 形状的概念、形状工具组中工具的应用及其属性栏选项设置;

(2)能通过路径调板进行形状、路径和选区之间的转换,绘制与编辑较复杂的造型;

(3)掌握相关快捷键操作。

二、相关知识

在 Photoshop 中,形状与路径都用于辅助绘画。其共同点是:它们都使用相同的绘制工具(如钢笔、直线、矩形等工具),其编辑方法也完全一样。不同点是:绘制形状时,系统将自动创建以前景色为填充内容的形状图层,此时形状被保存在图层的矢量蒙版中;路径并不是真实的图形,无法用于打印输出,需要用户对其进行描边、填充才成为图形。此外,可以将路径转换为选区。

1. 形状工具组及工具属性栏(见图 5-2-1)

(1)形状工具组,如图 5-2-1(a)所示。

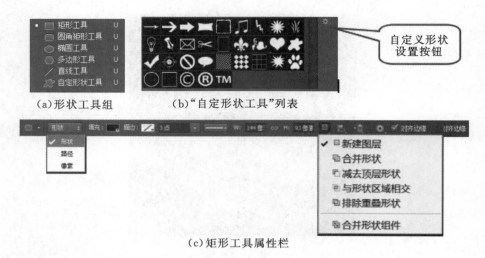

（a）形状工具组 　（b）"自定形状工具"列表

自定义形状
设置按钮

（c）矩形工具属性栏

图 5-2-1　形状工具组及其工具属性栏

- 矩形工具：可以绘制出矩形或正方形。
- 圆角矩形工具：可以绘制圆角矩形。
- 椭圆工具：可以绘制圆形和椭圆形。
- 多边形工具：可以绘制等边多边形，如等边三角形、五角星和星形等。
- 直线工具：可以绘制直线，还可通过设置工具属性来绘制带箭头的直线。
- 自定形状工具：可以绘制 Photoshop 预设的形状、自定义的形状或者是外部提供的形状，如箭头、月牙形和心形等形状，如图 5-2-1(b)所示。还可以通过"自定形状工具"属性工具栏上的"设置"按钮 ✿ 选择需要的形状进行追加或保存自己绘制的形状等操作。

（2）工具属性栏。

选择工具模式：通过图 5-2-1(c)所示的矩形工具属性栏中的第二个下拉按钮 形状 ，可以选择绘图的模式是形状、路径还是像素。选中"形状"选项表示绘制图形时将创建形状层并创建路径，此时所绘制的形状将被放置在形状层的蒙版中；选中"路径"选项表示绘制时只创建工作路径，不生成形状；选中"像素"选项表示绘制时在当前图层生成位图。

路径操作：通过图 5-2-1(c)所示的"路径操作"按钮 ▣ ，可以选择编辑方式，是新建图层还是与当前图层合并等。

另外，通过不同的选项按钮还可以进行其他的选项设置。

2.形状、路径与选区之间的转换

在通过形状工具组绘制形状时，同时会生成一个相应的路径，要将形状转换为选区，可选择路径调板下方的 ▦ 按钮，将路径转换为选区，或者将形状图层设为当前层后，按【Ctrl】键的同时，单击该图层的缩略图；反之，如果想将建立好的选区转换为路径，按 ✿ 按钮即可。

三、项目实施

任务一：美味热狗

步骤 1：新建一个文件，参数设置为宽度 21 厘米、高度 29.7 厘米、分辨率 72 像素/英寸、颜色模式 RGB、背景色白色，命名为"美味热狗广告"。

步骤 2：选择工具箱中矩形工具组的"圆角矩形"按钮 ，绘制高 640 像素、宽 480 像素、半径 100 像素的圆角矩形，绘图模式为"形状"，颜色为♯ffcc00，参数设置如图 5-2-2 工具选项栏所示。生成"圆角矩形 1"图层，同时生成了一个"圆角矩形 1 形状路径"，结果如图 5-2-3 所示。

图 5-2-2　圆角矩形工具选项栏

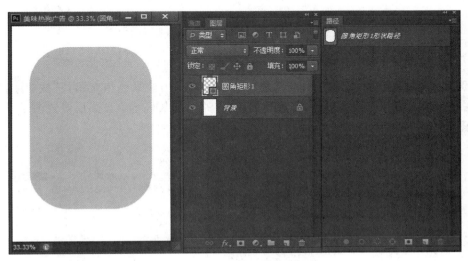

图 5-2-3　绘制"圆角矩形 1"

步骤 3：选"圆角矩形 1"为当前图层，"圆角矩形 1 形状路径"为当前路径，点击"路径"面板下方的"路径转换为选区"按钮，将圆角矩形路径转换为选区，再选择"滤镜→像素化→彩色半调"命令，参数设置结果如图 5-2-4 所示。（提示：形状图层应用"滤镜→像素化→彩色半调"命令前要选删格化，出现提示是否栅格化此形状对话框时，选择"确定"。）

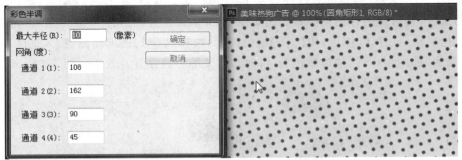

图 5-2-4　"滤镜→像素化→彩色半调"

步骤 4：新建"图层 1"，选择工具栏中的"椭圆选框工具"，按住【Shift】键绘制多个重叠的椭圆选区，为了便于观察，关闭"圆角矩形 1"的可见性。结果如图 5-2-5 所示，点击"路径"面板下方的"选区转换为路径"按钮，将生成路径，重新打开"圆角矩形 1"的可见性，运用钢笔工具组对路径进行编辑，按【Ctrl＋T】组合键调整其大小及位置，也可用"直接选择工具"移动其位置。结果如图 5-2-6 所示。

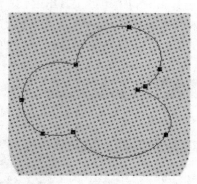

图 5-2-5 创建并编辑选区　　　　　图 5-2-6 选区转化为路径

步骤 5：将前景色设置成白色，按"路径"面板下方的"用前景色填充路径"按钮，将路径填充成白色，点击路径面板空白处，释放当前路径（路径变灰），再给该图层设置图层样式投影，结果如图 5-2-7 所示。

图 5-2-7 "图层 1"设置"投影"效果

步骤 6：打开"素材/模块五素材/5.2 素材"中的"热狗素材"图片进行编辑，选用套索工具得到食物选区，然后使用移动工具移到该文件中，分别命名为 f1、f2、f3、f4 图层，并将图层 1 的图层样式拷贝给 f1、f2、f3 图层，按【Ctrl】键的同时，选择 f4 图层的缩略图，载入选区后，给图层 f4 设置"描边"的图层样式，描边颜色为 #e94207，其他参数设置及效果如图 5-2-8 所示。

图 5-2-8 "图层 f4"设置"描边"效果

步骤7:添加广告文字,输入"美味热狗",设置字体为黑体,大小为64.5点,设置描边样式,颜色为♯d4f209,其他参数如图5-2-9所示。输入"欢乐开怀",设置字体为黑体,大小为51点,在页面下方输入"美味的食物,尽心的品尝",设置字体为黑体,大小为51点,给这三组字设置描边样式,颜色为♯f4bc11,其他参数如图5-2-10所示,完成操作,最终效果如图5-2-11所示。

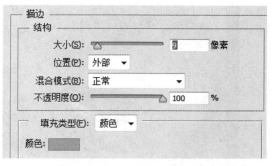

图5-2-9　给"美味热狗"设置"描边"　　　　图5-2-10　给"欢乐开怀"等设置"描边"

图5-2-11　最终效果

任务二:"明基"计算机POP广告任务设计

某艺术设计工作室接到"明基"计算机品牌任务的广告设计的任务单,为其设计POP广告版面。计算机公司提供相关素材资料,要求设计效果如图5-2-12所示。

图 5 - 2 - 12　POP 广告设计

　　步骤 1：新建文件，在"新建"对话框中按图 5 - 2 - 13 所示设置参数，新建一个名为"POP 广告设计"的文件。

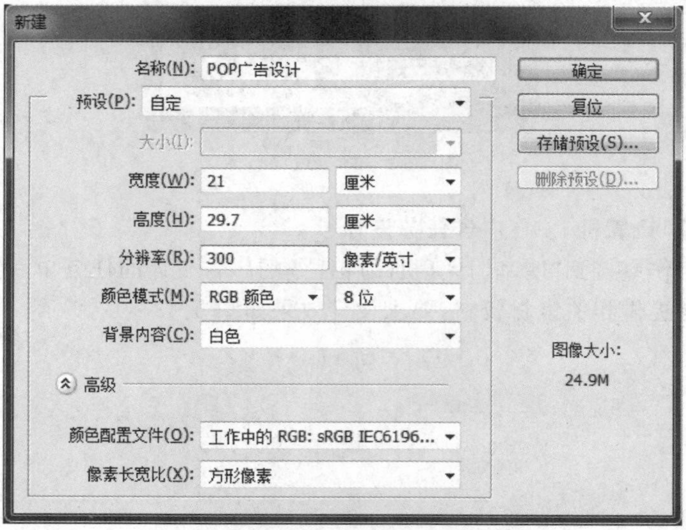

图 5 - 2 - 13　新建对话框

步骤 2：新建"图层 1"，用"钢笔工具"  绘制路径，得到的效果如图 5-2-14 所示。按路径面板下方的"路径转换为选区"按钮 ，将路径转换为选区，在图层面板中选择"图层 1"，设置前景色为淡黄色，按【Alt＋Delete】组合键填充色彩，效果如图 5-2-15 所示。

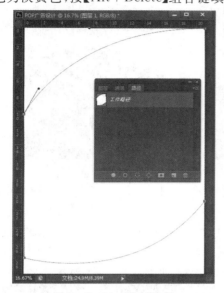
图 5-2-14　绘制路径

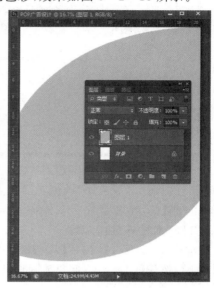
图 5-2-15　填充色彩

步骤 3：复制"图层 1"，得到"图层 1 副本"，设置前景色为绿色（♯73CB00），按【Ctrl】键的同时单击该图层的缩略图，载入选区，按【Alt＋Delete】组合键将淡黄色部分填充为绿色，按【Ctrl＋T】组合键将其旋转并调节大小，得到的效果如图 5-2-16 所示。

步骤 4：打开"素材/模块五素材/5.2 素材"中的"电脑键盘.psd"文件，将电脑键盘图像图层拖到当前文件，自动生成"图层 2"，按【Ctrl＋T】组合键调整其大小，效果如图 5-2-17 所示。

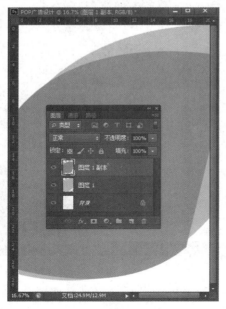
图 5-2-16　填充绿色并旋转

图 5-2-17　拖入"电脑键盘"

步骤5：前景色设置为白色（♯ffffff），选择"编辑→描边"命令，打开"描边"对话框，按图5-2-18所示设置参数，效果如图5-2-19所示。

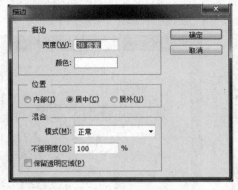

图5-2-18　"描边"对话框　　　　　　　图5-2-19　描边后的效果

步骤6：新建"图层3"，选择"画笔工具 "，设置大小不同的笔触，将前景色设为白色，在画布中随意画几个圆点，效果如图5-2-20所示。

步骤7：打开"素材/模块五素材/5.2素材"中的"人物.psd"文件，将人物图像图层拖拽到当前文件，自动生成"图层4"，按住【Alt】键复制"图层4"，得到"图层4副本""图层4副本2""图层4副本3"，按住【Ctrl＋T】组合键调整其大小，效果如图5-2-21所示。

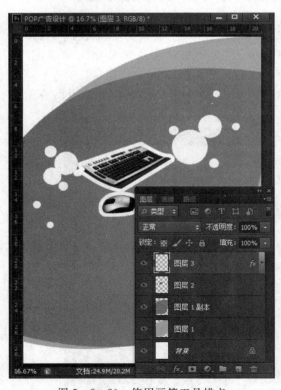

图5-2-20　使用画笔工具描点　　　　　　图5-2-21　添加、复制、调整人物图层

步骤8：选择文字工具，输入"酷"，文字颜色为♯e16666，其他参数设置如图5-2-22所示。执行"文字→文字变形"菜单命令（或按文字属性栏上的按钮 ），弹出"文字变形"对话

框,参数设置如图 5 - 2 - 23 所示。

图 5 - 2 - 22 "酷"文字选项设置

图 5 - 2 - 23 变形文字参数设置

步骤 9:执行"图层→栅格化→文字"菜单命令,执行"图层→图层样式→描边"菜单命令,按图 5 - 2 - 24 所示设置参数。

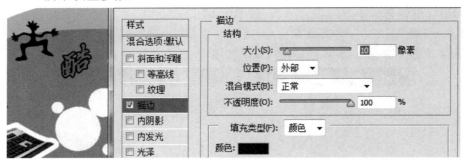

图 5 - 2 - 24 设置描边参数

步骤 10:选择"文字工具",输入"BenQ",字体设置为"Swis721 Blk BT",字体大小设为 24 点;再输入"给你好看",字体设为隶书,字体大小为 24 点,颜色设为红色,图层样式选择"描边",按图 5 - 2 - 24 所示设置参数。单击属性栏中的"切换字符和段落"按钮,在字符面板中按图 5 - 2 - 25所示设置参数,调整行间距。

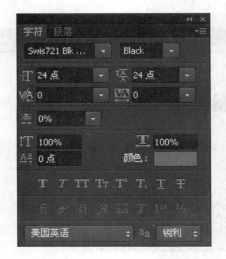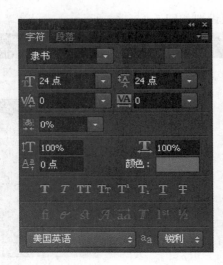

图5-2-25 字符设置

步骤11：选择"横排文字工具"，输入"WOOO"，参数设置如图5-2-26所示。复制WOOO图层，得到WOOO图层副本，将其移至WOOO图层下方，字体颜色设置为黑色，按【Ctrl＋T】组合键调整大小，得到图5-2-27所示结果。

步骤12：新建"图层5"，将其放置在"图层1副本"之上，用"画笔工具"在画布中绘制背景图案，设置前景色为淡绿色（♯BDEC6C），效果如图5-2-28所示。

图5-2-26 "WOOO图层副本"文字属性

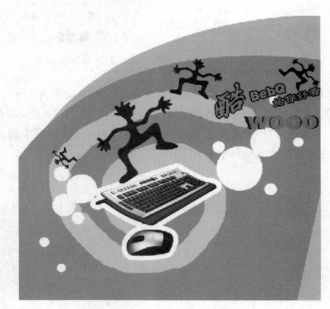

图5-2-27 字体效果　　　　　　图5-2-28 绘制背景图案

步骤13：用横排"文字工具"在画布的右下角输入"BenQ"，字体为"Swis721 Blk BT"，字体大小为 48 点，前景色为深蓝色（♯010250）。再用上述方法输入"享受快乐科技"，字体为隶书，字体大小为 24 点，设计完成，实现最终效果如图 5－2－19 所示。

四、项目小结

美工设计技巧：各个造型都结合商品特点，采用圆角或流畅曲线造型，形态统一和谐。颜色设计能突出产品与消费者的心理需求，简洁明快，色调调和一致。

应用技术：任务完成中主要运用图像编辑工具、文字工具、画笔工具及图层样式等操作来完成最终效果。

项目三　文本与美术文本

一、项目概述

1.项目描述

文字的字体、大小、颜色、样式等参数设置同样会影响版面的设计效果。Photoshop CS6 提供的文字功能不但可以编辑字符和段落的常用格式，还可以编辑文字嵌入路径后的格式，使文本的样式及造型具有更丰富的变化。本项目重点学习文字和路径工具在文本编辑时的运用。

2.学习目标

(1)认识和掌握文字工具组中各文字工具的功能和应用；
(2)能运用文字工具属性栏相关选项进行字符及段落格式的设置；
(3)掌握文字嵌入路径或图形内部放置文字的操作方法。

二、相关知识

1.文本

(1)文本工具组。

在 Photoshop 中，系统提供了四种文字工具，即"横排文字工具""直排文字工具""横排文字蒙版工具""直排文字蒙版工具"，如图 5－3－1 所示

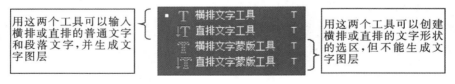

图 5－3－1　文本工具组

(2)文本属性栏。

输入文字后，用户还可以对文字进行编辑，如修改全部或部分文字内容、字体、大小或颜色、字符和段落格式、形状等，需要用到如图 5－3－2(a)所示的文本工具属性栏。编辑文字时，首先要选取文字，再选择属性栏中的相关选项。点击"锐利"下拉按钮，可以设置消除锯齿方式，如图 5－3－2(b)所示；按 ▇▇ 按钮设置颜色；按 ⤴ 按钮设置打开图 5－3－2(c)所示的"变形文字"对话框，点击"样式"下拉列表，选择文字变形样式，再通过对话框中其他选项调节相应的参数；按 ▤ 按钮打开图 5－3－2(d)所示的字符和段落格式设置调板，设置更多的文字格

式,如设置字符间距、行距、缩进、对齐、加粗、斜体和基线偏移等,也可以选择"窗口→字符"菜单,打开"字符"调板。

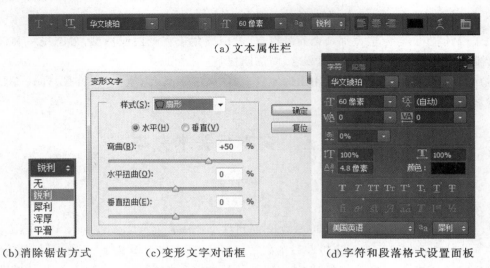

(a)文本属性栏

(b)消除锯齿方式　　　(c)变形文字对话框　　　(d)字符和段落格式设置面板

图5-3-2　文本工具属性栏

2.将文字嵌入路径或图形内部放置文字

(1)将文字嵌入路径。

将文字光标移至路径上,待光标显示为 ⤵ 形状后单击,即可沿路径输入文字。如图5-3-3(a)所示。对于已经完成的路径走向文字,还可以更改其位于路径上的位置。方法是使用"路径选择工具" ▶,将路径选择工具移动到文字的起点位置,光标变为 ⤶ 形状后单击,即可上下、左右拖动文字在路径上的位置,如图5-3-3(b)所示。红色箭头处为起点,绿色箭头处为终点。

如果要编辑如图5-3-3(c)所示的效果,需要将现有的路径走向文字图层复制两个,再在字符调板中分别更改文字的竖向偏移的数值为15px和-15px,即可形成图示的效果。需要注意的是更改该项数值后,在路径的曲线上可能造成文字间距不一。此外,也可以通过回车换行来达到目的。

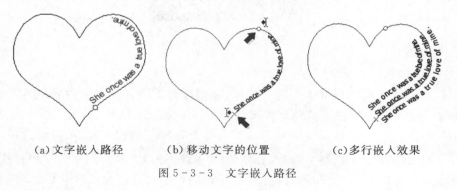

(a)文字嵌入路径　　　(b)移动文字的位置　　　(c)多行嵌入效果

图5-3-3　文字嵌入路径

（2）图形内部放置文字。

首先绘出一个心形（绘制过程中可以按住【Shift】键保持长宽比）形状图层，即建立了一个带矢量蒙版的色彩填充层，再选择文本文字工具，并使其停留在这个心形路径之上，依据停留位置的不同，鼠标的光标会有不同的变化。当停留在图形之内将显示为 时，表示可在封闭区域内输入排版文字，结果如图 5-3-4 所示。

图 5-3-4　图形内部放置文字

3. 点文本和段落文本

（1）点文本。

点文本是一个水平或垂直的文本行。它是选择文字工具后在图像窗口中直接单击，然后输入的文本。

（2）段落文本。

段落文本是在文本框内输入的文字，它具有自动换行、可调整文字区域大小等优势。当用户需要输入较多的文字时，可以选择横排或竖排文本工具，按住鼠标左键不放拖动鼠标，达到合适位置后松开鼠标绘制一个文本框，待文本框左上角出现闪烁的光标时，即可输入文字，输入完毕，按【Ctrl＋Enter】组合键确认输入。

如果输入的文字过多，文本框的右下角控制点将呈十字形状，这表明文字超出了文本框范围，文字被隐藏了，可通过拖动文本框上的控制点来改变文本框大小，以便显示被隐藏的文字。

（3）点文本和段落文本之间的转换。

选中文字图层（但不要进入文本编辑状态），选择"图层"→"文字"→"转换为段落文本"或"转换为点文本"菜单命令，可将点文本和段落文本相互转换。

三、项目实施

任务一：制作杂志封面

步骤 1：打开"素材/模块五素材/5.3 素材"文件夹，选择"背景.jpg"图片，选择工具箱中的"文本工具"按钮 ，在列表中选"横排文字工具"按钮 ，在"文本选项栏"中设置以下选项：字体为"Charlemagne"，字号为 110 点，单击"颜色"按钮 ，打开如图 5-3-5 所示的拾色器对话框，设置颜色为＃df498e，输入英文"fashion"，结果如图 5-3-6 所示。

　　步骤2:选择"竖排文字工具"按钮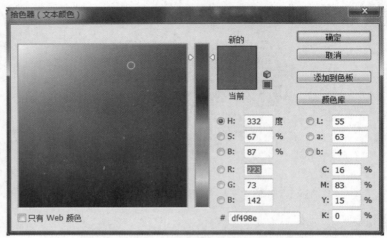,设置字体为新宋体,字号为48点,颜色为白色,按按钮打开如图5-3-7所示的"字符"面板,选择"加粗"按钮,输入"时尚"二字,双击"时尚"图层,在弹出的"图层样式"对话框中启用"描边"命令,参数设置及效果如图5-3-8所示。

图5-3-5　在"拾色器"对话框中设置文字颜色

图5-3-6　"fashion"文字效果

图5-3-7　"字符"面板

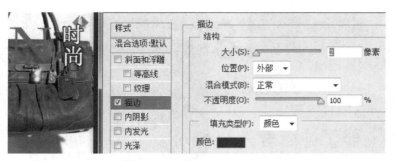

图 5-3-8 "时尚"图层设置"描边"效果

步骤3：点击"横排文字工具"，输入"￥"字符，字体为"Arial"，字体样式为"Regular"，大小为36点，颜色为♯df498e，输入"18"，大小为72点，颜色为黑色，效果如图5-3-9所示。

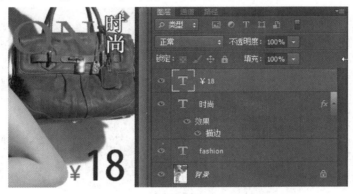

图 5-3-9 编辑"￥18"文字图层

步骤4：选择"横排文字工具"，输入"WORKAHOLIC SPOUSE"，设置字体为"Adode Caslon Pro"，字体样式为"Regular"，大小为24点，颜色为黑色，文字设置及效果如图5-3-10所示。

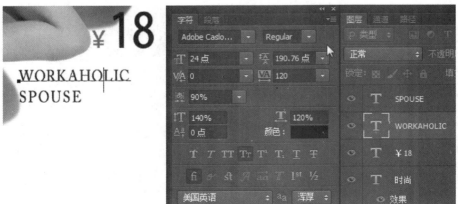

图 5-3-10 编辑"WORKAHOLIC SPOUSE"文字图层

步骤5：选择"横排文字工具"，输入"娶了钟点爱人"，字符面板设置如图5-3-11所示。

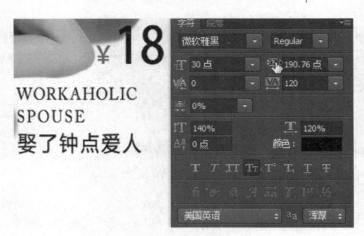

图5-3-11 编辑"娶了钟点爱人"文字图层

步骤6:继续使用"横排文字工具",输入"300新品"时,颜色为#d4307e,参数设置及效果如图5-3-12所示。

图5-3-12 编辑"300新品"文字图层

步骤7:按照以上方法,输入如图5-3-13所示文字,并根据情况设置适当的参数。

步骤8:拖入"条形码"素材,调整大小,最后使用横排文字工具,随意输入杂志的期刊号,最终效果如图5-3-14所示。

图 5-3-13　编辑其余文字　　　　　　　图 5-3-14　最终效果

任务二：明日歌

步骤 1：打开"素材/模块五素材/5.3 素材"中的"大海"图像文件，选择工具箱中的直排文字工具，在工具属性栏中设置字体颜色为蓝色（RGB：4 126 183），字体为华文行楷，字体大小为 80 点，然后输入文字"明日歌"，如图 5-3-15 所示。

图 5-3-15　编辑"明日歌"文字图层

步骤 2：在菜单中选择"图层→栅格化→文字"命令，将文字层变为普通图层，按【Ctrl】键的同时单击该图层缩略图，载入文字选区。再选择工具箱中的渐变工具，在渐变工具选项栏上点击█████████ 按钮打开渐变编辑器，在"预设"列表中选择系统内置的"铬黄渐变"，适当调整一下渐变颜色位置，用"线性渐变"填充文字，结果如图 5-3-16 所示。

图 5-3-16 "栅格化"文字,并填入渐变色

步骤 3:取消选区,然后在按住【Ctrl+Alt】组合键的同时,反复按向右【→】和向下【↓】方向键,从而移动复制选区内的图像,得到如图 5-3-17 所示的效果。

图 5-3-17 编辑"明日歌"立体效果

步骤 4:按【Shift】键同时选中所有明日歌副本图层,再选择"图层→合并图层"命令,将"明日歌"图层置于顶层,选择"图像→调整→亮度/对比度"命令,调整该图层的亮度,参数设置及效果如图 5-3-18 所示。同理,选择合并图层,设置其"亮度/对比度",让其变暗,参数设置及效果如图 5-3-19 所示,合并明日歌图层及其副本。

图 5-3-18 调整"明日歌"图层"亮度/对比度"

图 5-3-19 调整"明日歌 副本 6"图层"亮度/对比度"

步骤 5：打开"素材/模块五素材/5.3 素材"中的"诗歌.txt"文件，复制文档中的诗歌文本，然后将光标置于竖排文字文本框中，按【Ctrl＋V】组合键粘贴文本，选中诗歌内容文本，设置字体大小为 16 点，颜色为＃f8ef02，选择移动工具将文字移到窗口相应位置，并设置投影效果，如图 5-3-20 所示。

图 5-3-20　创建诗歌文本图层

步骤 6：选择"横排文字工具"，在工具属性栏中设置字体大小为 12 点，然后打开"诗歌.txt"文档，把文档注释部分的文字复制粘贴到图像中，使用移动工具移到相应位置，颜色设置为红色（RGB：220 98 207），再设置"投影""内发光""描边"图层样式，参数设置如图 5-3-21、图5-3-22、图 5-3-23 所示，设置后的效果如图 5-3-24 所示。

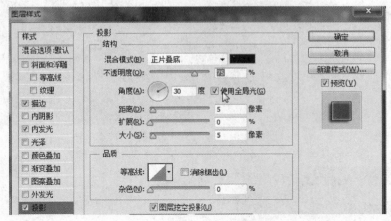

图 5-3-21　设置"投影"效果

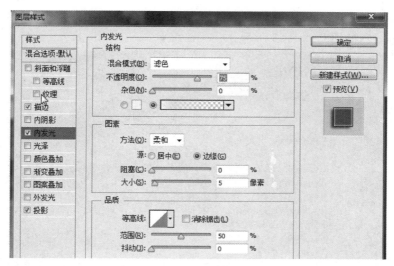

图 5 - 3 - 22　设置"内发光"效果

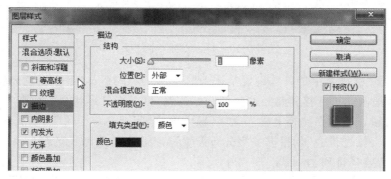

图 5 - 3 - 23　设置"描边"效果

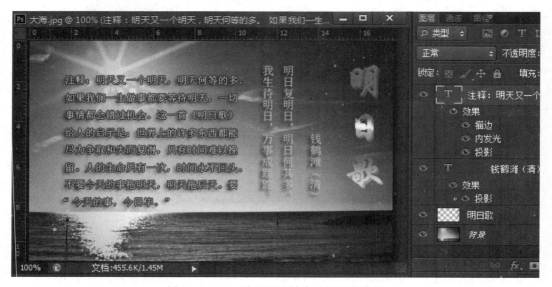

图 5 - 3 - 24　设置图层样式后的文字效果

步骤7:选择工具箱中的"钢笔工具",在工具属性栏中确定工具模式为"路径",然后在图像中绘制一条路径,如图5-3-25所示。

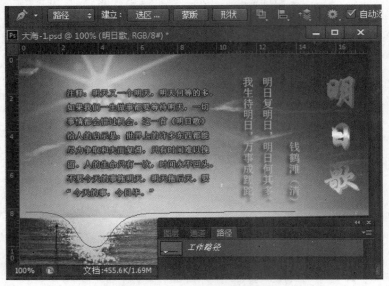

图5-3-25 绘制文本路径

步骤8:选择"横排文字工具",设置字体为黑体,大小为16点,字体颜色为红色(RGB:220 98 207),加粗,把鼠标指针移到路径左侧的开始位置,鼠标指针形状会变成带有路径的插入点形状,此时单击鼠标即可在路径上输入文字,输入内容"明天又一个明天,明天何等的多。待明天,一切事情都会错过机会"。根据文字分布需要可以适当调节路径的形状和左右锚点位置。文字会自然沿着路径排列,如图5-3-26所示。

图5-3-26 让文字嵌入路径

四、项目小结

美工设计技巧:文字设置要大小错层、突出主题,不可没有大小区分或大小接近。

技术总结:该项目任务主要练习文字工具的使用以及字体、大小、颜色的设置,同时,还使用了文字嵌入路径等技术。

项目四 制作艺术字

一、项目概述

1.项目描述

利用路径工具、编辑艺术字是现在大家普遍使用的方法。任务一中的"茶"艺术字基于中宋字体先将其栅格化处理,再进行了多处变形,根据情况适当运用自定义形状可以提高编辑效率。任务二"1号店"logo也是充分运用路径编辑技术对原文字进行了多处的编辑处理。

2.学习目标

(1)认识文字图层与普通图层的区别以及文字栅格化的方法;

(2)掌握将文字转换为路径或形状的方法;

(3)会进行简单美术文字的造型编辑。

二、相关知识

1.文字栅格化

Photoshop有些命令不能用于文字图层,如果要应用这些命令,需要将文字转换成普通图层然后再用。转换方法为:选中文字图层后,执行"图层→栅格化→文字"命令即可。

2.将文字转换为路径或形状

在Photoshop中,可以将文字转换为路径或形状,然后对其进行各种变形操作,从而得到各种异型文字。要将文字转换为路径或形状,首先选中文字图层,然后执行如下操作:

选择"文字→创建工作路径"命令,即可在"路径"调板中生成文字的工作路径。

选择"文字→转换为形状"命令,即可将文字转换为形状,文字图层转换为形状图层。

3.美术字的编辑

先输入文字,设置好字体字号后,再将其转换为路径或形状,再利用路径工具对其局部进行造型编辑,如图5-4-1所示。

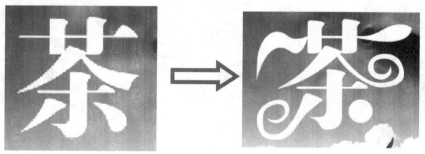

图5-4-1 美术字效果

三、项目实施

任务一:制作"茶"艺术字

步骤1:新建一个文件,参数设置为:宽度、高度均为800像素,分辨率为72像素/英寸,颜色模式为RGB色,背景色为白色,命名为"茶艺术"。

步骤2:选择工具箱中矩形工具中的"横排文字工具",输入文字"茶",生成文字图层"茶",设置字体为中宋,字号450,颜色RGB(0,150,0)。

步骤3:选择图层"茶",执行"图层"→"栅格化"→"文字"命令,将文字"茶"图层变为普通图层,文字"茶"变为像素图。

步骤4:选择"茶"图层,用"多边形套索工具"选中"茶"字右下方的一捺删除,再绘制一个大小适合的圆,将前景色设置为绿色RGB(0,150,0),填入前景色,如图5-4-2所示。

步骤5:选择"茶"图层中草字头横线左边的三分之一部分,选择钢笔工具组绘制一个叶形的路径,执行路径调板下方的"用前景色填充路径"按钮 ⬤ ,填入前景色,如图5-4-3所示。同理,把草字头横线右边的三分之一部分处理成一个叶子,如图5-4-4所示。

步骤6:选择"茶"图层,用"多边形套索工具"选中"茶"字"人"字部分的一捺删除,再用钢笔工具组绘制编辑一个路径,并填充前景色,结果如图5-4-4所示。

图5-4-2　用圆替代笔画　　　图5-4-3　用路径编辑笔画　　　图5-4-4　用路径编辑笔画

步骤7:选择上一步编辑的路径,按【Ctrl+T】组合键,镜像并旋转,结果如图5-4-5所示。再对该路径进行进一步的编辑,并填充前景色,结果如果图5-4-6所示。

步骤8:仔细观察图5-4-6,发现下部左右不太平衡,可选择矩形工具组中的"自定义形状工具",选择"叶形头饰2",代替圆点,结果如图5-4-7所示。

图5-4-5　编辑笔画路径　　　　　图5-4-6　用路径替代笔画　　　　　图5-4-7　使用"自绘图形"

任务二:制作"1号店"logo

图5-4-8是"1号店"的logo,由其制作步骤如下:

步骤1:新建一个100像素×100像素的文件,分辨率为72像素/英寸,RGB颜色模式,背景色为透明,命名为"1号店logo"。

步骤2:打开素材"1号店",拖入新建文件窗口中,生成"图层2",调整大小和位置,如图5-4-9所示。

图5-4-8　效果图

图 5 - 4 - 9　拖入"1 号店"素材

步骤 3：选择文字工具，输入"1"，设置字体为楷体、斜体，字号为 80 点，如图 5 - 4 - 10a 所示。执行"图层→栅格化→文字"命令，将文字转化为像素图，按【Ctrl】键的同时，单击"1"图层载入选区，再按【Del】键，删除填充色并保留选区，如图 5 - 4 - 10b 所示。

步骤 4：选择路径面板下方的"从选区生成工作路径"按钮 ◈，生成路径，如图 5 - 4 - 10c 所示，选择钢笔工具组中的工具编辑路径，使其与"图层 2"中的"1"吻合，结果如图 5 - 4 - 10d 所示。

a　　　　　　　　b　　　　　　　　c　　　　　　　　d

图 5 - 4 - 10　编辑"1"

步骤 5：再将路径转化为选区，并用红色填充，结果如图 5 - 4 - 11 所示。

步骤 6：取消选区，再输入文字"号店"，设置字体为雅黑，字号为 60 点，在"字符"调板中设置水平缩放为 55％，结果如图 5 - 4 - 12 所示。

步骤 7：执行"图层→栅格化→文字"命令，将文字转化为像素图，选中"号"的上半部分和"店"的下半部分的"口"，再按【Del】键删除，结果如图 5 - 4 - 13 所示。

选择矩形工具组中的椭圆工具绘制一个圆，生成"椭圆 1"图层，在属性栏中取消其填充色，边框设为 5 个像素，放置在店字下方，之后，再复制该图层，移动位置，放到号字上方，结果如图 5 - 4 - 14 所示。设置两圆将边框设为黑色。

图 5 - 4 - 11　"1"字编辑效果　　　　图 5 - 4 - 12　输入"号店"　　　　图 5 - 4 - 13　取掉"口"

步骤 8：再按照步骤 3～步骤 4 的方法，编辑号的下半部分和店的上半部分。输入英文

"yhd.com",字体设为雅黑,字号为14点,删除图层2,最后结果如图5-4-15所示。

图5-4-14 填补两圆圈   图5-4-15 编辑其他部分

四、项目小结

美工设计技巧:在编辑艺术字的时候要充分彰显事物的特点,如"茶"艺术字编辑时其造型体现出茶叶的形。

应用技术:任务完成中主要运用路径编辑工具,巧妙运用自定义形状工具可提高编辑效率。

 练习题

一、单选题

1.在"变形文本"对话框中提供了很多种文字弯曲样式,下列选项中(　　)不属于Photoshop中的弯曲样式。

A.扇形　　　　B.拱形　　　　C.放射形　　　　D.鱼形

2.选取"横排文本工具"按钮T,在其属性栏内单击(　　)按钮,可以弹出字符面板和段落面板。

A. 　　B.　　C.　　D.

3.能够将"路径"面板中的工作路径转换为选区的快捷键是(　　)。

A.Ctrl+Enter　　　B.Ctrl+E　　　C.Ctrl+T　　　D.Ctrl+V

4.如图所示的段落文本一侧沿斜线排列,要编排出这种版式正确的操作步骤是(　　)。

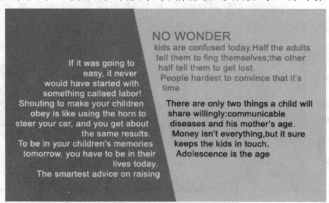

A.输入文字,然后将文本框旋转一定的角度

B. 先用 （钢笔工具）绘制出闭合四边形路径，然后将鼠标放置在路径内任意位置单击，在路径内输入文字即可

C. 先用 （钢笔工具）绘制出闭合四边形路径，然后将鼠标放置在路径上任意位置单击，在路径内输入文字即可

D. 输入文字，然后对文本框执行菜单中的"编辑→变换→变形"命令

5. 文字图层中的文字信息不可以进行修改和编辑的是（　　）。

A. 文字颜色　　　B. 文字内容，如加字或减字　　　C. 文字大小

D. 将文字图层转换为像素图层后，可以改变文字的字体

6. 段落文字不可以进行的操作是（　　）。

A. 缩放　　　　　　B. 旋转　　　　　　C. 裁切　　　　　　D. 倾斜

7. Photoshop 中文字的属性可以描述（　　）内容。

A. 字符和段落　　　B. 水平和垂直　　　C. 水平　　　　　　D. 垂直

8. 在路径的调整过程中，如果要整体移动某一路径，可以使用下列选项中的（　　）工具来实现。

A. 　　　B. 　　　C. 　　　D.

9. 要对文字图层执行滤镜效果，那么首先应当做的是（　　）。

A. 将文字图层栅格化

B. 将文字图层和背景层合并

C. 确认文字层和其他图层没有链接

D. 将文字变成选取状态，在滤镜菜单下选择一个滤镜命令

10. 文字图层中的文字信息不可以进行修改和编辑的是（　　）。

A. 文字描边

B. 文字嵌入路径

C. 变形文字

D. 将文字图层转换为像素图层后，可以改变文字的排列方式

11. 应用"多边形工具"在背景图层中绘制一个普通的单色填充多边形，绘制前应先在属性栏中单击（　　）按钮。

A. 形状　　　　　　B. 路径　　　　　　C. 像素　　　　　　D. 以上都不是

12. 在 Photoshop 中为一条直线自动添加箭头的正确操作是（　　）。

A. 在"矩形选框工具"属性栏内设置"箭头"参数

B. 在"直线工具"属性栏内先设置"箭头"参数，然后绘制直线

C. 先用"直线工具"绘制出一条直线，然后再修改属性栏内的"箭头"参数

D. 应用绘图工具在直线一端绘制箭头图形

13. 在 Photoshop 中可以对位图进行矢量图形处理的是（　　）。

A. 路径　　　　　　B. 选区　　　　　　C. 通道　　　　　　D. 图层

14. Photoshop 中如果在图像中有路径，并需要将其保留下来，应将图像存储（　　）格式。

A. PSD　　　　　　B. JPEG　　　　　　C. JPG　　　　　　D. PNG

15. 要应用 "多边形工具"绘制出如图所示的向内收缩的各种星形，在属性栏中必须点

中（　　）选项。

A. 星形　　　　　　　　　　　　　B. 星形与平滑拐角
C. 星形与平滑缩进　　　　　　　　D. 星形、平滑缩进与平滑拐角

二、上机练习题

利用文本和路径工具制作如下图形。

模块六　滤镜技术

模块导读

滤镜是 Photoshop CS6 中重要的特色工具之一。处理图形图像时运用不同的滤镜会产生各种光怪陆离、千变万化的特殊效果。Photoshop CS6 中所运用的滤镜分为内置滤镜和外置滤镜。外置滤镜也称为外挂滤镜，外挂滤镜有很多特殊的效果，是内置滤镜很好的补充。

滤镜的功能强大、操作简单、效果非常直观，但要通过运用滤镜得到较好的处理效果并非易事，需要操作者清楚常用滤镜的作用，正确选择滤镜菜单命令，熟悉滤镜的参数含义和设置等。学习滤镜的最好方法是对不同的滤镜反复进行运用并进行比较等实践操作。

学习目标

知识目标：

1. 掌握 Photoshop CS6 中滤镜的概念、分类及功能；
2. 熟悉常用滤镜组中各个滤镜的运行效果和参数设置等操作；
3. 了解滤镜库及其他特殊滤镜的功能及使用方法；
4. 了解外挂滤镜的概念、安装及使用方法。

能力目标：

1. 能灵活运用常用滤镜组中的滤镜，且正确选择其选项及参数等；
2. 能熟练地运用滤镜库进行滤镜的浏览、选择和应用等；
3. 能熟练地运用一些特殊滤镜对图形图像进行处理；
4. 能熟练地下载、安装及使用所需要的外挂滤镜；
5. 能熟练地运用【Ctrl＋F】【Ctrl＋Alt＋F】等快捷键进行滤镜操作。

项目一　常用滤镜组及其应用一

一、项目概述

1. 项目描述

通过旋转扭曲、模糊等多种滤镜制作七彩光线背景。利用渲染中的云彩命令，再运用像素化中的铜版雕刻和模糊中的径向模糊滤镜制作出放射背景，然后通过旋转扭曲滤镜制作出扭曲线条，最后通过渐变填充和图层模式，制作出七彩线条效果。

2. 学习目标

(1)认识滤镜及滤镜分类、操作方法；

(2)掌握常用滤镜的效果及应用。

二、相关知识

1.什么是滤镜

滤镜实质上是一些独立开发设计的小程序,图像编辑程序调用它们可以处理已经打开的图像中的像素,通过对原图像像素的颜色及亮度值的重新计算与修改,从而使图像产生不同的效果。Photoshop除了可以调用自带的滤镜外,还可以调用预知兼容的第三方厂商提供的外挂滤镜,这些滤镜能使图像产生许多特殊的效果。Photoshop的内置滤镜共有十多组,每组中都有若干个功能相似的滤镜,每种滤镜都有自己不同的图形图像处理效果。

在Photoshop中,大多数滤镜都是破坏性滤镜,这些滤镜执行的效果非常明显,有时会使被处理的图像面目全非,产生无法恢复的破坏,如艺术效果滤镜组、扭曲滤镜组、像素化滤镜组、渲染滤镜组等。

2.几种常用的内置滤镜

内置滤镜多达100多种,分为常用滤镜组和特殊滤镜,如图6-1-1所示。滤镜的种类很多,产生的效果也十分丰富,这里只介绍最常用的4类滤镜。

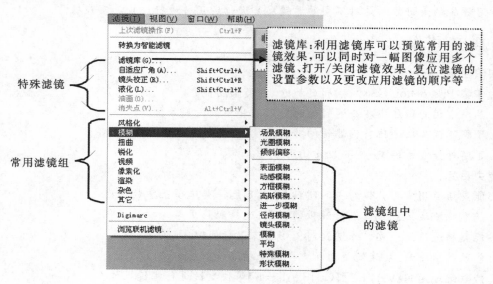

图6-1-1 滤镜菜单

(1)"扭曲"滤镜。

①"切变"滤镜。

"切变"滤镜控制一条竖直方向的线,扭曲图像。未定义区域设置"折回"表示切变像素外的图像也随着切变的像素发生扭曲,图像以拼贴的方式填充背景。"重复边缘像素"表示背景边缘用相应的颜色填充,不会产生拼贴效果,给人的感觉只有中间部分扭曲,而背景不变,如图6-1-2、图6-1-3所示。单击"默认"回复到垂直状态。

图6-1-2　"切变"对话框

图6-1-3　"切变"效果

②"扩散亮光"滤镜。

"扩散亮光"滤镜使图像产生一种光芒四射的亮光效果,通过设置参数"粒度"控制扩散亮光中颗粒程度,"发光量"控制亮光的强度,以及"清除数量"控制背景图像的影响,如图6-1-4、图6-1-5所示。

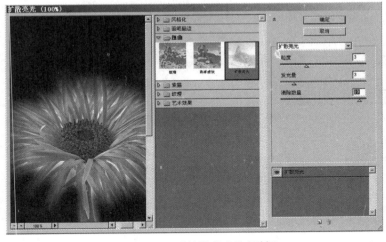

图6-1-4　"扩散亮光"对话框

图6-1-5　"扩散亮光"效果

③"挤压"滤镜。

"挤压"滤镜控制挤压参数,正值为向内挤压,负值为向外突出,取值的范围为+100~−100,如图6-1-6、图6-1-7所示。

图 6-1-6 挤压数值为"100"的效果

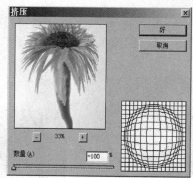

图 6-1-7 挤压数值为"-100"的效果

④"旋转扭曲"滤镜。

"旋转扭曲"滤镜可以将当前图层的像素以图像中心为中心进行旋转,这种旋转的强度是从外到内逐渐加强的。设置不同的角度参数,会由于旋转的程度不同而得到不同的效果,如图6-1-8、图6-1-9所示。

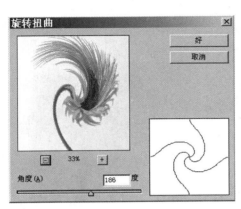

图6-1-8　"旋转扭曲"对话框设置　　　　图6-1-9　"旋转扭曲"效果

⑤"极坐标"滤镜。

"极坐标"滤镜有两种方式：由极坐标到平面坐标，由平面坐标到极坐标。第一种情况是以图像的中心为圆心，将图像由圆变成直线，而第二种情况恰好相反，由直线变成圆形，效果如图6-1-10、图6-1-11所示。

图6-1-10　"平面坐标到极坐标"效果　　　图6-1-11　"极坐标到平面坐标"效果

⑥"水波"滤镜。

"水波"滤镜根据图像中像素的半径将图像进行扭曲，产生类似水波的效果。可以通过设置"数量"设定水波的大小，设置"起伏"来确定水波的数目，以及选择"样式"来控制水波产生的方式,如图 6 - 1 - 12、图 6 - 1 - 13 所示。

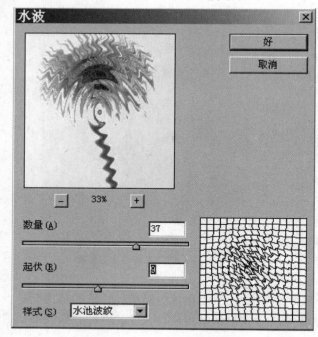

图 6 - 1 - 12 "水波"对话框设置

图 6 - 1 - 13 "水波"效果

⑦"波浪"滤镜。

在"波浪"对话框中设定不同的波长、波幅、波形等参数,完成波动的效果,如图 6 - 1 - 14、图 6 - 1 - 15 所示。

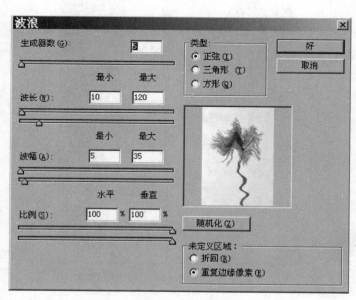

图 6 - 1 - 14 "波浪"对话框设置

图 6 - 1 - 15 "波浪"效果

⑧"置换"滤镜。

"置换"滤镜是所有滤镜中最难理解的一个,需要两个文件才能执行(参看任务三)。根据

置换图中像素的不同色调值来对图像进行变形,从而产生不定方向的移位效果,再结合图层样
式中的"混合选项"调整。使用置换滤镜前后的效果对比如图 6-1-16、图 6-1-17 所示。

图 6-1-16　使用"置换"滤镜前　　　　　　图 6-1-17　使用"置换"滤镜和图层样式效果后

(2)"渲染"滤镜。

①"云彩"和"分层云彩"滤镜。

这两者都是用于产生云彩。"云彩"滤镜使用介于前景色和背景色之间的随机像素值生成
云彩,每次使用都会重新生成。"分层云彩"滤镜重复使用会与前次使用的效果混合,产生浓烈
的色彩变化,如图 6-1-18、图 6-1-19、图 6-1-20 所示。

图 6-1-18　前景色和背景色　图 6-1-19　"云彩"效果　　图 6-1-20　"分层云彩"效果

②"光照效果"滤镜。

"光照效果"滤镜是在图像上添加光源。它包含了 17 种光照样式、3 种光照类型和 4 套光
照属性,通过调整参数和添加光源可以产生无数种光照的效果。另外,还可以与通道相联系,
产生凹凸的效果,如图 6-1-21、图 6-1-22 所示。

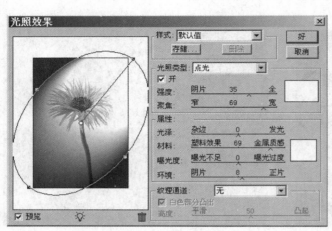

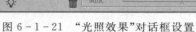

图6-1-21 "光照效果"对话框设置　　　　图6-1-22 "光照效果"滤镜处理后的效果

③"镜头光晕"滤镜。

使用"镜头光晕"滤镜,首先要合并图层,用鼠标拖动预览图上的十字线,放到合适的位置,镜头光晕就可以出现在图像上,如图6-1-23所示。

图6-1-23 "镜头光晕"滤镜效果

④"纤维"滤镜。

"纤维"滤镜通过前景色和背景色随机创建纤维效果,"纤维"滤镜通过控制参数"差异"来控制色彩的显示,通过调整"强度"达到控制纤维的外形的目的,如图6-1-24所示。

(3)"模糊"滤镜。

①"动感模糊"滤镜。

"动感模糊"滤镜是将图像中的像素朝着某一个方向运动产生模糊。这个模糊的效果往往都是将图像中的像素拉成一条条运动的线条,所以常常用来表现运动物体的背景,如图6-1-25、图6-1-26所示。

图6-1-24 "纤维"滤镜效果

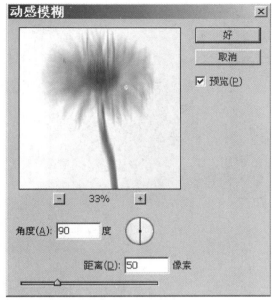

图 6-1-25　"动感模糊"对话框设置　　　　　图 6-1-26　"动感模糊"滤镜效果

②"高斯模糊"滤镜。

高斯模糊也叫高斯平滑,其作用是使图像变得模糊且平滑,通常用它来减少图像噪声以及降低细节层次。图 6-1-27 是未处理的效果,图 6-1-28 是利用高斯模糊与 Photoshop 历史记录画笔工具进行磨皮后达到的美化效果。

图 6-1-27　原图　　　　　　　　　　图 6-1-28　磨皮后的效果

③"径向模糊"滤镜。

"径向模糊"滤镜可以使图像产生旋转或者放射状的模糊效果。在设置的时候,首先选择模糊方式,其次选择模糊变化的中心(鼠标在预览图中移动),再次设置模糊大小和品质。图 6-1-29、图 6-1-30所示的分别就是该滤镜的两种模糊方式下产生的不同模糊效果。

图 6-1-29 "径向模糊"滤镜效果 1

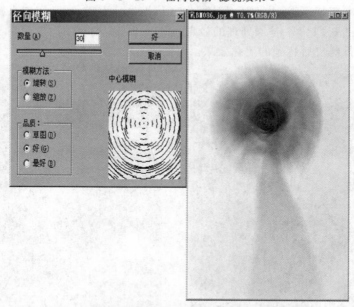

图 6-1-30 "径向模糊"滤镜效果 2

三、项目实施

任务一:七彩光线背景

图6-1-31所示为通过"滤镜→扭曲→旋转扭曲"的其他滤镜以及调节图层等功能而制作出的七彩光线背景效果图。

图6-1-31 效果图

操作步骤如下:

步骤1:新建一个像素为640像素×480像素、分辨率为300像素/英寸、颜色模式为RGB颜色、背景内容设置为白色的画布,参数设置如图6-1-32所示。

图6-1-32 新建文件

步骤2:打开"滤镜→渲染→云彩"命令,可按【Ctrl+F】组合键重复该滤镜多次,如图6-1-33所示。

步骤3：进行"滤镜→像素化→铜版雕刻"命令（类型→中长描边），如图6-1-34所示。

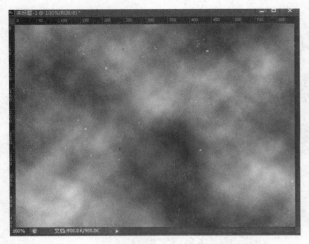

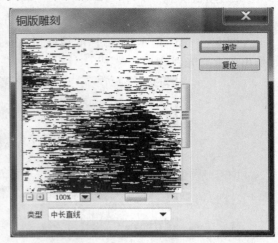

图6-1-33　执行"云彩"滤镜后效果　　　　图6-1-34　执行"铜版雕刻"滤镜后效果

步骤4：进行"滤镜→模糊→径向模糊"命令（数量为100并勾选"缩放""好"选项），点击"确定"，如图6-1-35所示。

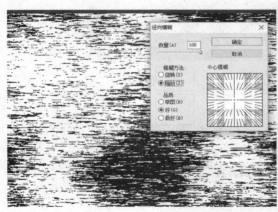

图6-1-35　执行"径向模糊"滤镜后效果

步骤5：多次按【Ctrl＋F】组合键以重复应用径向模糊加强。

步骤6：进行"滤镜→扭曲→旋转扭曲"命令（设置角度为150），如图6-1-36所示。

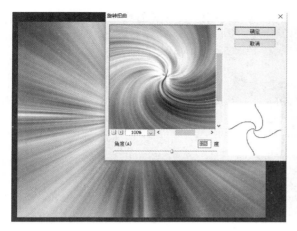
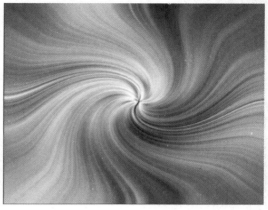

图 6-1-36 执行"旋转扭曲"滤镜后效果

步骤 7：复制背景图层，在背景副本中进行"滤镜→扭曲→旋转扭曲"命令（角度为 180度），如图 6-1-37 所示。

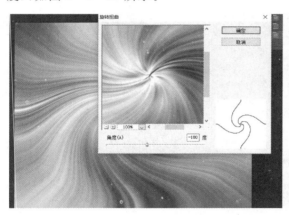

图 6-1-37 对背景副本执行"放置扭曲"滤镜

步骤 8：将背景副本图层的混合模式设置为变亮。

步骤 9：将背景和背景副本图层合并，单击图层中创建新的填充或调整图层按钮，在弹出的菜单中打开进行渐变，打开"渐变填充"在渐变菜单中选择色谱（样式径向缩放 150％），如图6-1-38所示。

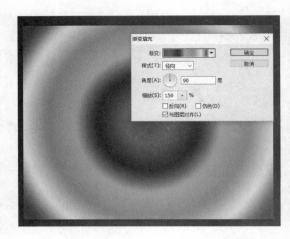

图 6-1-38 添加渐变图层

步骤 10：在图层中将渐变填充的混合模式设置为柔光。

步骤 11：选择文字工具横排，并输入文字"MULTICOLORED"，效果如图 6-1-39 所示。

图 6-1-39 最终效果

任务二：给美女磨皮

步骤 1：打开"素材/模块六素材/6.1 素材"中的"磨皮"文件夹，双击"人物.jpg"文件，选择"滤镜→模糊→高斯模糊"命令，半径值为 9.8 像素（参数值调整依具体情况而定，到完全看不清脸上的斑为止）。

步骤 2：点击右侧"历史记录"面板下侧的"创建新快照"按钮，建立"快照 1"，将模糊后的效果记录，单击"快照 1"前面的选框，此时，原本在"人物"前的一个画笔状图标会跳到"快照 1"前（这个画笔状图标所在位置表示接下来的历史画笔工具的取样情况），再单击历史记录面板中"人物"为蓝色选中状态，如图 6-1-40 所示。

图 6-1-40　设置历史记录画笔的源为"快照 1"

　　步骤 3：选择工具箱中的"历史画笔工具"，在属性栏中将该画笔的不透明度改为 40%。在画面中进行磨皮，注意不要触及不需要处理的眼睛、嘴巴及其他部分。在图片上单击鼠标右键，调整历史画笔大小，来处理眉眼嘴边缘的细节部分，如图 6-1-41 所示。

图 6-1-41　用"历史画笔工具"进行磨皮

　　步骤 4：选择"图像→调整→曲线"命令。单击按鼠标调整曲线，调整画面整体色彩，最终效果图如图 6-1-42 所示。

图 6-1-42　最终效果

任务三：制作丝绸印字效果

　　本任务是通过置换滤镜实现在丝绸上添加文字的效果。操作步骤如下：

　　步骤 1：首先，打开"素材/模块六素材/6.1 素材"中的背景素材"丝绸 3.jpg"，如图 6-1-43 所示。

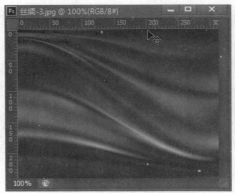

图 6-1-43　打开"丝绸"素材

步骤 2：打开通道面板，选择色差比较大的通道（如绿色通道）进行复制，并存为 PSD 格式（作为置换图），选择复合通道 RGB，如图 6-1-44 所示。

图 6-1-44　复制"绿"通道

步骤 3：再回到图层面板，用文字工具输入文字"丝绸"。调节文字大小、颜色和位置，在文字图层上右击，选择栅格化文字图层，如图 6-1-45 所示。

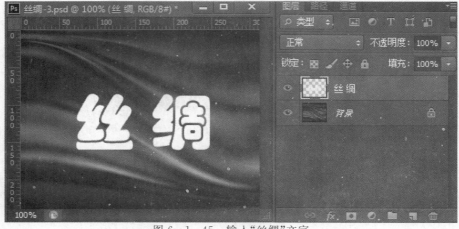

图 6-1-45　输入"丝绸"文字

步骤4：选择"滤镜→扭曲→置换"命令，并设置合适的比例，选择自己之前保存的 PSD 文件进行置换，结果如图 6-1-46 所示。

图 6-1-46　执行"滤镜→扭曲→置换"命令

步骤5：现在，可以发现文字随丝绸的弯曲出现了扭曲的效果。再选择"图层→图层样式→混合选项"命令，按【Alt】键的同时，单击"混合颜色带"选框中的"下一图层"，参数设置如图 6-1-47 所示，结果如图 6-1-48 所示。

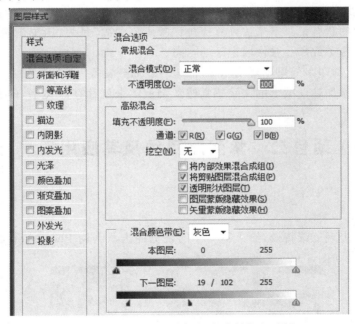

图 6-1-47　设置"混合选项"中的"下一层"

图 6-1-48 最终效果

最后,我们可以看到文字的扭曲效果非常逼真,好像是印在丝绸上面一样。

四、项目小结

任务一:七彩光线背景主要使用了"滤镜→像素化→铜板雕刻"命令(类型→中长描边)使画面产生横纹效果,之后使用"滤镜→模糊→径向模糊"命令使画面产生径向射线效果,再使用"滤镜→扭曲→旋转扭曲"命令(角度为180度)使画面产生最后的扭曲纹理效果。

任务二:给美女磨皮涉及"快照"和"设置历史记录画笔的源"两个概念。通过创建"快照"可将某一时刻图片的状态记录下来,"设置历史记录画笔的源"是为"历史记录画笔"设置取样到那一时刻的图片状态或那一张快照记录的状态。

任务三:制作丝绸印字效果主要使用了"滤镜→扭曲→置换"命令以及"图层→图层样式→混合选项"功能,使添加在丝绸上的文字感觉像丝绸上本来就存在的文字,即文字随丝绸一起产生褶皱。

项目二 常用滤镜组及其应用二

一、项目概述

1. 项目描述

通过立体凸出表现三维特效,给人不一样的视觉冲击。利用 Photoshop 滤镜等功能制作特效封面,最终效果如图 6-2-1 所示。

图 6-2-1 效果图

2.学习目标

(1)继续认识常用滤镜组中滤镜的功能效果以及操作方法；

(2)重点掌握"风格化""像素化"等常用滤镜组中的滤镜及应用。

二、相关知识

1."风格化"滤镜

"风格化"滤镜主要处理图像的像素，强化图像的色彩边界，通过置换像素和边缘查找增加图像的对比度，最后创建出一种绘画式或印象派的艺术图像效果。它是完全模拟真实艺术手法进行创作的。

本项目以图6-2-2为例，简单介绍"风格化"滤镜中等高线、查找边缘、风、浮雕效果、凸起、曝光过度、拼贴、扩散等命令。

(1)"等高线"滤镜。

"等高线"滤镜用于查找主要亮度区域的过渡，并对于每个颜色通道用细线勾画它们，得到与等高线图中的线相似的结果。

(2)"查找边缘"滤镜。

"查找边缘"滤镜用于标识图像中有明显过渡的区域并强调边缘。与"等高线"滤镜一样，"查找边缘"在白色背景上用深色线条勾画图像的边缘，并对在图像周围创建边框非常有用，图6-2-3所示为"查找边缘"反相(Ctrl+I)后的效果。

图6-2-2　原图　　　　　　　　　图6-2-3　"查找边缘"反相后的效果

(3)"风"滤镜。

"风"滤镜用于在图像中创建细小的水平线以及模拟刮风的效果。图6-2-4所示为多次用"风"后的效果。

(4)"拼贴"滤镜。

"拼贴"滤镜用于将图像分解为一系列拼贴(像瓷砖方块)，并使每个方块上都含有部分图像。图6-2-5所示为使用"拼贴"后的效果。

图6-2-4　多次用"风"后的效果　　　　　图6-2-5　"拼贴"效果

（5）"凸出"滤镜。

"凸出"滤镜可以将图像转化为三维立方体或锥体，以此来改变图像或生成特殊的三维背景效果。

（6）"浮雕效果"滤镜。

"浮雕效果"滤镜将选区的填充色转换为灰色，并用原填充色描画边缘，从而使选区显得凸起或压低。

（7）"曝光过度"滤镜。

"曝光过度"滤镜用于混合正片和负片图像，在冲洗过程中将照片简单地曝光以加亮相似。

（8）"扩散"滤镜。

"扩散"滤镜用于根据选中的选项搅乱选区中的像素，使选区显得不十分聚焦。

2. "像素化"滤镜

"像素化"滤镜组主要用来将图像分块或将图像平面化，这类滤镜常常会使原图像面目全非。本案例简单介绍几种"像素化"滤镜组中的命令。

（1）"彩色半调"滤镜。

打开"素材/模块六素材/6.2素材"中的"花朵2.jpg"文件，选择"滤镜→像素化→彩色半调"菜单命令，打开"彩色半调"对话框，如图6-2-6所示，在其中设置各项参数即可，效果如图6-2-7所示。

图6-2-6 "彩色半调"对话框   图6-2-7 "彩色半调"滤镜效果

（2）"晶格化"滤镜。

该滤镜是使图像中相近颜色的像素结合成一个多边形，产生晶格效果。将花朵图像恢复到打开时的状态，选择"滤镜→像素化→晶格化"菜单命令，在打开的"晶格化"对话框中设置参数，如图 6-2-8 所示，单击"确定"按钮即可，效果如图 6-2-9 所示。

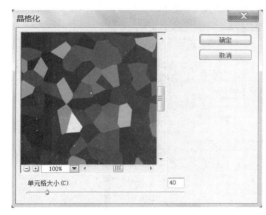
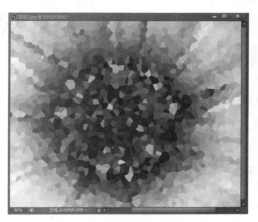

图 6-2-8 "晶格化"对话框　　　　　　　　图 6-2-9 "晶格化"滤镜效果

（3）"铜版雕刻"滤镜。

"铜版雕刻"滤镜可以将图像转换为黑白或色彩饱和的随机图案，模拟不光滑或年代已久的金属板效果。将花朵图像恢复到打开时的状态，选择"滤镜→像素化→铜版雕刻"菜单命令，在打开的对话框中设置参数，如图 6-2-10 所示，单击"确定"按钮即可，效果如图 6-2-11 所示。

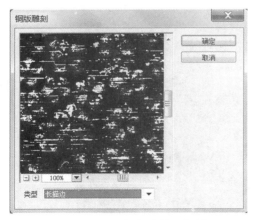

图 6-2-10 "铜版雕刻"对话框　　　　　　　图 6-2-11 "铜版雕刻"滤镜效果

三、项目实施

任务：制作 Photoshop **特效封面**

步骤 1：启动 Photoshop CS6 新建一个 640 像素×480 像素、分辨率为 150 像素/英寸、颜色模式为 RGB 颜色、背景内容设置为白色的画布，如图 6－2－12 所示。

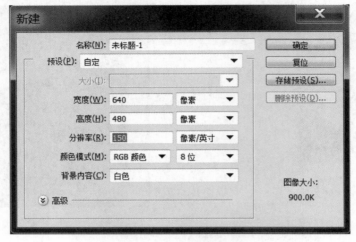

图 6－2－12 新建文件

步骤 2：选择工具箱中的渐变工具，设置颜色为从白色到灰色(111,131,137)的径向渐变，从画布的中心向外拖动鼠标填充渐变，如图 6－2－13 所示。

图 6－2－13 填充径向渐变效果

步骤 3：新建图层，建立直径约为 140 像素的圆形选区，选择工具箱中的渐变工具，设置颜色为从白色到桔色(255,204,102)的径向渐变，从圆的中心向外拖动鼠标填充渐变，如图 6－2－14 所示。

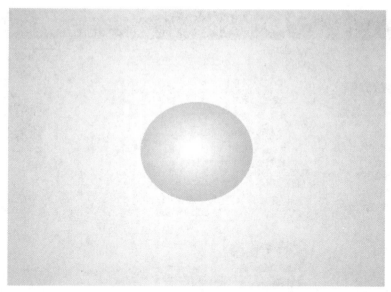

图 6 - 2 - 14　创建圆形"桔色渐变"图层

步骤 4：单击"图层"面板下方的"添加图层样式"按钮，在弹出的菜单中选择"内阴影"命令，打开"图层样式→内阴影"对话框，单击"确定"按钮确认，效果如图 6 - 2 - 15 所示。

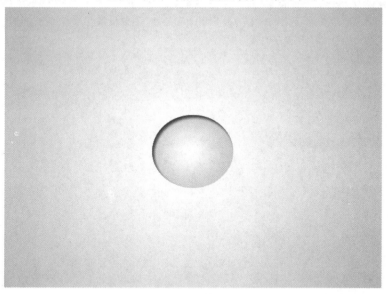

图 6 - 2 - 15　"内阴影"设置

步骤 5：选中"斜面和浮雕"复选框，设置样式为"外斜面"，方法为"雕刻清晰"，深度为 100％，方向为下，大小为 25 像素，如图 6 - 2 - 16 所示。单击"确定"按钮确认，效果如图 6 - 2 - 17 所示。

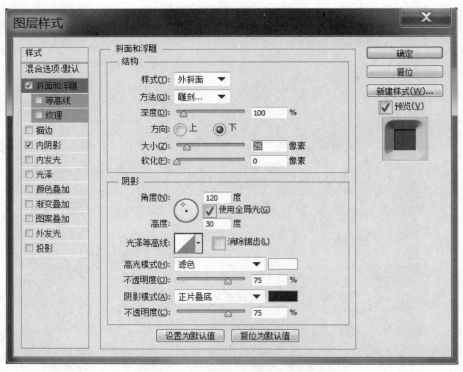

图 6-2-16 "斜面和浮雕"参数设置

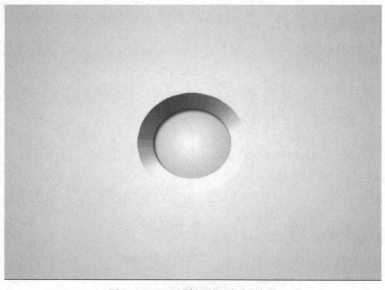

图 6-2-17 "斜面和浮雕"效果

步骤 6：单击"图层"面板下方的"创建新图层"按钮新建图层。选择工具箱中的"矩形选框工具"，在画布中绘制一个矩形选区。按【Shift＋F6】组合键，打开"羽化选区"对话框，设置"羽化半径"为 5 像素。单击"确定"按钮确认。按"Shift＋Ctrl＋I"组合键反选，并将其填充为黑色，效果如图 6-2-18 所示。

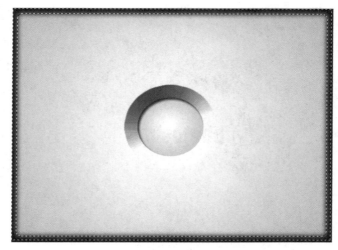

图 6 - 2 - 18 边框编辑效果

步骤 7：按【Shift＋Ctrl＋Alt＋E】组合键盖印可见图层。执行菜单栏中的"滤镜→风格化→凸出"命令，打开"凸出"对话框，设置类型为"块"，大小为 25 像素，深度为 30，如图 6 - 2 - 19所示。单击"确定"按钮确认，效果如图 6 - 2 - 20 所示。最后再配上相关的装饰，如图 6 - 2 - 21所示，完成本例的制作。

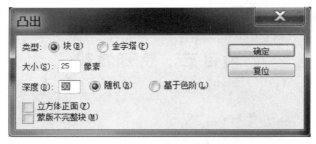

图 6 - 2 - 19 "凸出"对话框参数设置

图 6 - 2 - 20 "凸出"滤镜效果

图 6 - 2 - 21　最终效果

四、项目小结

　　本项目主要通过立体凸出表现三维特效背景。首先利用渐变填充绘制立体小球,然后通过"凸出"滤镜制作出块状突起,最后添加文字,从而制作出个性视觉效果。

项目三　　特殊滤镜

一、项目概述

1.项目描述

　　通过"滤镜→滤镜库→艺术效果"中的"水彩"等命令,将图 6 - 3 - 1 打造成一幅如图 6 - 3 - 2所示的建筑手绘效果图。

图 6 - 3 - 1　建筑原图

图 6 - 3 - 2　建筑手绘效果图

2.学习目标

(1)了解"滤镜库"的功能和使用;

(2)了解常用"特殊滤镜"的功能和使用。

二、相关知识

1.滤镜库

在 Photoshop CS 中增添了一个重要的功能就是"滤镜库",执行"滤镜→滤镜库"菜单命令就可以打开。在这个库当中,主要可以进行滤镜的浏览、选择和应用。可以在这里非常直观地观察滤镜,在一个对话框中完成添加多个滤镜的操作,而且还可以反复修改滤镜的参数和应用的先后次序,直到达到满意的效果为止。但这个库只是包含了一部分滤镜,分为以下几种类型。

(1)"艺术效果"滤镜。

"艺术效果"滤镜用来模拟天然或传统的艺术效果。运用这些滤镜可以使图像看上去是不同画派艺术家使用不同的画笔和颜料创作的艺术品。"艺术效果"滤镜共包括 15 种滤镜,如图 6-3-3(a)所示,此组滤镜不能应用于 CMYK 和 Lab 模式的图像。

(2)"画笔描边"滤镜,如图 6-3-3(b)所示。

(3)"风格化"滤镜,如图 6-3-3(c)所示。

(4)"扭曲"滤镜,如图 6-3-3(d)所示。

(5)"纹理"滤镜,如图 6-3-3(e)所示。

(6)"素描"滤镜,如图 6-3-3(f)所示。

2.液化滤镜

使用液化滤镜可以使图像产生旋转、推移、扩展、收缩、反射等类似于液体流动的变形效果。这个滤镜只能用于 8 位的 RGB、CMYK、Lab 和灰度模式的图像。

液化滤镜的使用比其他的滤镜要复杂,具体使用步骤如下:

(1)执行"滤镜→液化"菜单命令,弹出"液化滤镜"对话框。

(2)在对话框右边的"工具选项"中设置画笔大小、浓度、压力。这个设置决定了液化的区域和质量。

(3)选择对话框左边的"冻结工具"按钮,在图像预览框中将不需要编辑的区域保护起来,不产生液化的效果。完成液化后,单击"解冻工具"按钮,解除保护。

(4)在对话框左上角部分选择某种"液化"工具,在预览图框中用"画笔"工具在移动的范围内产生相应的效果。

液化工具对话框左上角部分的"液化滤镜"工具栏中各个工具的名称如图 6-3-4 所示。

各个液化工具的含义如下:

• 变形工具:可以在图像上拖拽像素产生变形效果。

• 恢复变形工具:单击按钮,可以将图像恢复到变形前的状态。

• 旋转扭曲工具:像素沿着画笔移动的范围产生旋转扭曲的效果。

• 褶皱(膨胀)工具:不需要移动画笔,像素沿着画笔的范围产生向中心靠近(向四周推移)的效果。

• 移动像素工具:像素沿着画笔移动的范围产生向左推移的效果。

• 对称工具:将画笔移动范围右侧的像素镜像到画笔移动的范围内。

• 涡流工具:在画笔移动范围内产生随机的扭曲效果。

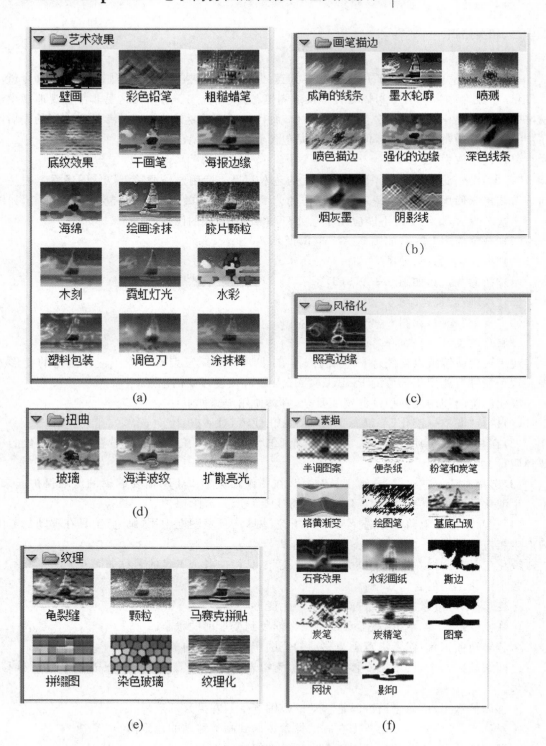

图 6-3-3 "滤镜库"滤镜类型

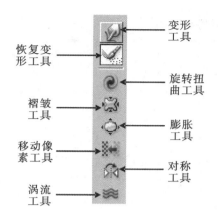

图 6-3-4 "液化滤镜"工具栏

三、项目实施

任务一:建筑手绘效果图

步骤 1:打开"素材/模块六素材/6.3 素材"中的"铁塔"素材,如图 6-3-5 所示,创建"色阶 1"调整图层,设置选项,提高图像亮度的同时加强对比度,如图 6-3-6 所示。

图 6-3-5 "铁塔"素材

图6-3-6　创建"色阶1"调整图层并设置属性

　　步骤2:创建"色相/饱和度1"调整图层,设置(饱和度)参数为30,加强图像的饱和度,如图6-3-7所示。

图6-3-7　创建"色相/饱和度1"调整图层并设置属性

　　步骤3:按快捷键【Ctrl+Alt+Shift+E】,创建盖印图层"图层1",执行"滤镜→模糊→特殊模糊"命令,在弹出的对话框中选择(品质)为"中",(模式)为"仅限边缘",其他参数如图6-3-8所示。

图6-3-8　执行"滤镜→模糊→特殊模糊"命令

步骤4:按快捷键【Ctrl+I】,进行颜色反相,如图6-3-9所示。

图6-3-9　颜色反相

步骤5:复制背景图层,并且将背景副本图层放在所有图层最上方,如图6-3-10所示。

图6-3-10　复制背景图层

步骤6：执行"滤镜→模糊→特殊模糊"命令，设置选项参数如图6-3-11所示。

图6-3-11 "特殊模糊"参数设置

步骤7：执行"滤镜→滤镜库→艺术效果"命令，选择"水彩"命令，设置参数，如图6-3-12所示。

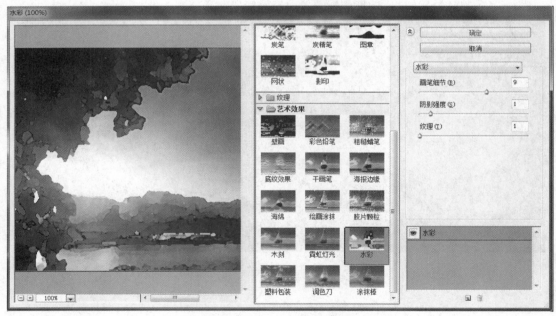

图6-3-12 "水彩"参数设置

步骤 8：执行"编辑→渐隐"水彩命令，设置参数，如图 6-3-13 所示。

图 6-3-13　"渐隐"参数设置

步骤 9：将图层混合模式设置为"正片叠底"，不透明度设置为 75%，如图 6-3-14 所示。

图 6-3-14　设置图层混合模式

步骤 10：创建"色相/饱和度 2"调整图层，设置（饱和度）为 40，继续增加图像的饱和度，如图 6-3-15 所示。

图 6-3-15　创建"色相/饱合度 2"调整图层

步骤 11：按快捷键【Ctrl＋Alt＋Shift＋E】，创建盖印图层"图层 2"，执行"滤镜→模糊→高斯模糊"命令，设置参数，如图 6-3-16 所示。

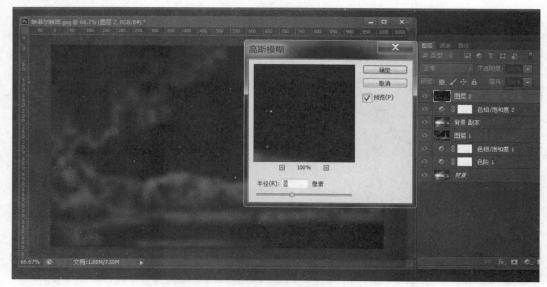

图 6-3-16　执行"高斯模糊"命令

步骤12：在图层面板中，设置该图层的混合模式为"正片叠底"，如图6-3-17所示。

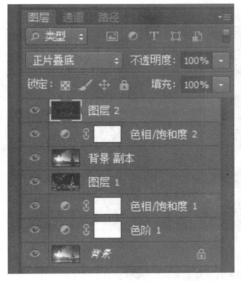

图6-3-17　设置图层混合模式

步骤13：按快捷键【Ctrl＋Alt＋Shift＋E】，创建盖印图层"图层3"，按快捷键【Ctrl＋U】，打开"色相/饱和度"对话框，设置饱和度参数为60。

步骤14：创建"色阶2"调整图层，设置选项，提高图像亮度，如图6-3-18所示。

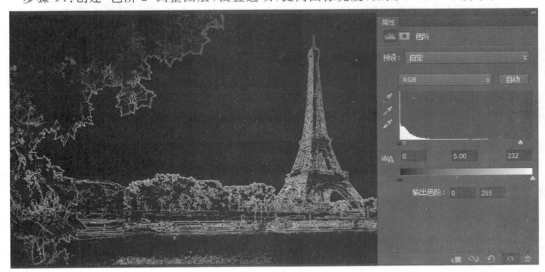

图6-3-18　创建"色阶2"调整图层

步骤15：新建"自然饱和度1"，调整图层，设置饱和度为40，如图6-3-19所示。最终效果如图6-3-20所示。

图6-3-19　创建"自然饱和度1"调整图层

图6-3-20　最终效果

任务二：用"液化滤镜"美容

步骤1：打开"素材/模块六素材/6.3素材"中的"单眼美女.jpg"素材，如图6-3-21所示，选择"滤镜→液化"菜单命令，打开"液化"对话框。在对话框左侧选择缩放工具将图片放大为300％，再选择"向前变形工具"按钮 ，在右侧把"笔画大小"设置成80，将鼠标指针移至美女面部左侧，按住鼠标左键向内侧推动，如图6-3-22所示。

图 6-3-21 原图

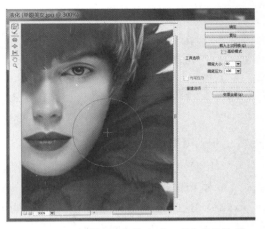

图 6-3-22 使用"向前变形工具"后的效果

　　步骤 2:在对话框左侧选择缩放工具将图片放大为 300%,再选择"褶皱工具",将笔画大小设置成 30,在嘴唇左侧位置单击并适当按住鼠标一会儿,并使用同样的方法调整嘴唇的右侧,效果如图 6-3-23 所示。

　　步骤 3:将图像显示比例放大到 300%,选择"膨胀工具",选中右侧的高级模式复选框,设置画笔大小为 20,如图 6-3-24 所示,并在美女右眼上单击鼠标,使眼睛变大,最终效果如图 6-3-25 所示。

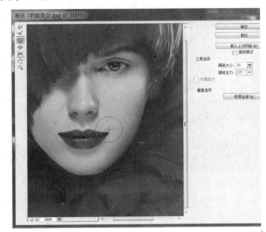

图 6-3-23 使用"褶皱工具"让嘴角上翘

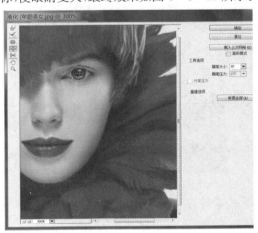

图 6-3-24 使用"膨胀工具"让眼睛更大

图 6-3-25 最后的效果

四、项目小结

（1）重点练习"滤镜→滤镜库→艺术效果"命令，选择"水彩"命令及其他滤镜命令的应用；

（2）应用"特殊滤镜"中的"液化"命令，修饰美化美女。

项目四 外挂滤镜

一、项目概述

1.项目描述

对于追求完美的美女，如图 6-4-1 所示，照相时恰逢脸上长有粉刺的确让人闹心，Portraiture 这款外挂滤镜具有磨皮功能，可帮美女解决问题，如图 6-4-2 所示。

图 6-4-1 原图　　　　　　　图 6-4-2 应用"磨皮"外挂滤镜后的效果

2.学习目标

（1）了解外挂滤镜的下载和安装；

（2）了解外挂滤镜的功能和使用。

二、相关知识

1.外挂滤镜

外挂滤镜是由其他公司开发（非 Adobe Photoshop 自带）的滤镜，但可以安装在 Photoshop CS6 中，实现其他的滤镜效果，它是内置滤镜功能的补充。

2.智能滤镜

这个就是给智能对象图层添加滤镜时出现有蒙版状态的滤镜效果。我们可以通过蒙版来控制需要加滤镜的区域。同时我们可以在同一个智能滤镜下面添加多种滤镜，并可以随意控制滤镜的顺序，有点类似图层样式。

三、项目实施

任务一：外挂滤镜的安装以及运用——给美女磨皮

步骤1：下载与安装外挂滤镜。首先在网上搜索下载一个外挂滤镜，如图6-4-3所示，然后找到 Photoshop CS6 右击，在菜单中选择"打开文件位置"，在打开文件夹中找到 Plug-ins，如图6-4-4所示。（在本项目素材中，有已经下载好的外挂滤镜。）

步骤2：解压下载的"磨皮"滤镜，打开文件夹，如图6-4-4所示，然后复制里面的两个文件夹，并在 Plug-ins 文件夹中粘贴这两个文件，如图6-4-5所示。

图6-4-3　输入搜索内容　　　　　　　图6-4-4　Plug-ins 文件夹

图6-4-5　"磨皮"滤镜文件

步骤3：外挂滤镜使用。重新启动 Photoshop CS6 软件，然后在项目素材文件夹中打开如图6-4-6所示的图片，选择"滤镜"菜单找到导入进来的滤镜，如图6-4-6所示。

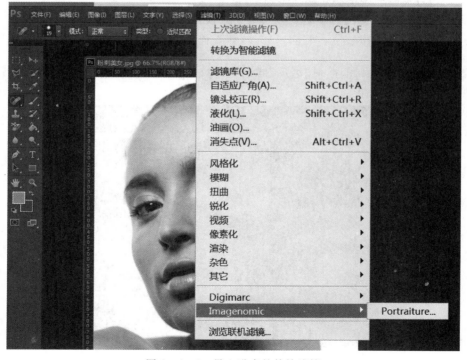

图6-4-6　导入进来的外挂滤镜

步骤4：使用新导入进来的滤镜功能，如图6-4-7所示，使用新导入进来"磨皮"滤镜界面。左边为主要参数设置面板："细节平滑栏"主要控制噪点范围；"肤色蒙版"栏主要控制皮肤区域及颜色等，可以用吸管吸取需要磨皮的区域；"增强功能"栏也非常重要，可以对整体效果进行锐化、模糊、调色等操作。数值可以自己慢慢摸索。

图6-4-7 "磨皮"滤镜界面

步骤5：针对这幅美女图片，对"磨皮"滤镜中参数进行调整，如图6-4-8所示，满意后选择预览方式，对比一下效果。

图6-4-8 磨皮效果

步骤6:确定后得到的效果如图6-4-8所示,如果不太满意可以多磨几次。

步骤7:最后用污点修复画笔工具消除一些瑕疵,再整体锐化一下,完成最终效果。

任务二:智能滤镜的应用——打造油画效果

步骤1:打开"素材/模块六素材/6.4素材"中的"晨曦"文件,如图6-4-9所示,要使用"智能滤镜",首先必须把普通图层转化为智能对象,在"图层"面板,光标移到该图层缩略层右击,在弹出的菜单中选择"转化为智能对象"命令,如图6-4-10所示。

图6-4-9　"晨曦"素材　　　　　　　　　　图6-4-10　将图层转化为智能对象

步骤2:选择"油画"滤镜命令,如图6-4-11所示。另外对于智能对象应用"智能滤镜"命令,"智能滤镜"包含一个类似图层的样式,如图6-4-12所示。

图6-4-11　"油画"滤镜效果　　　　　　　图6-4-12　"智能滤镜"显示方式

步骤3:使用"智能滤镜"命令,可以对应用的"滤镜"命令进行隐藏、停用和删除,如图6-4-13所示,还可以设置"智能滤镜"与图像的混合模式,如图6-4-14所示。

注意:执行的智能滤镜命令,液化与消失点滤镜不能与智能滤镜同时运用,同时我们还可以像编辑图层蒙版一样用画笔编辑智能滤镜,使滤镜只影响部分图像。

图6-4-13 "智能滤镜"操作

图6-4-14 设置"智能滤镜"与图像的混合模式

四、项目小结

（1）Portraiture是一款外挂滤镜，具有磨皮功能。使用时需要下载和安装，磨皮方法比较特别，系统会自动识别需要磨皮的皮肤区域，也可以自己选择。然后用阈值大小控制噪点大小，调节其中的数值可以快速消除噪点。同时这款滤镜还有增强功能，可以对皮肤进行锐化及润色处理。

（2）智能滤镜。使用"智能滤镜"命令，可以对应用的"滤镜"命令进行隐藏、停用和删除，以便保护原始图像。还可以设置"智能滤镜"与图像的混合模式。

 练习题

1.要将原稿（见左图）经过处理得到模拟印刷网点被放大后的效果（见右图），正确的操作步骤是（　　）。

A.执行"滤镜→像素化→点状化"命令

B.执行"滤镜→像素化→彩色半调"命令

C. 先将彩色图像转为灰度模式，然后执行"滤镜→像素化→点状化"命令

D. 先将彩色图像转为灰度模式，然后执行"滤镜→像素化→彩色半调"命令

2. 选择"滤镜→纹理→纹理化"命令，弹出"纹理化"对话框，在"纹理"后面的弹出菜单中选择"载入纹理"可以载入和使用其他图像作为纹理效果。所有载入的纹理必须是（　　）格式。

A. PSD　　　　　　B. JPEG　　　　　　C. BMP　　　　　　D. TIFF

3. 使用"云彩"滤镜时，在按住（　　）键的同时选取"滤镜→渲染→云彩"命令，可生成对比度更明显的云彩图案。

A. Alt 键　　　　　B. Ctrl 键　　　　　C. Ctrl＋Alt　　　　D. Shift 键

4. 下面（　　）滤镜只对 RGB 图像起作用。

A. 马赛克　　　　　B. 光照效果　　　　C. 波纹　　　　　　D. 浮雕效果

5. 下列关于滤镜的操作原则不正确的是（　　）。

A. 滤镜不仅可用于当前可视图层，对隐藏的图层也有效

B. 不能将滤镜应用于位图模式（Bitmap）或索引颜色（Index Color）的图像

C. 有些滤镜只对 RGB 图像起作用

D. 只有极少数的滤镜可用于 16 位/通道图像

6. 当要对文本图层执行滤镜效果时，首先需要将文本图层进行栅格化，下列选项中的（　　）操作不能进行文字的栅格化处理。

A. 执行菜单中的"图层→栅格化→文字"命令

B. 执行菜单中的"图层→文字→转换为形状"命令

C. 直接选择一个滤镜命令，在弹出的栅格化提示框中单击"是"按钮

D. 执行菜单中的"图层→栅格化→图层"命令

7. 滤镜的处理效果是以"像素"为单位的，因此，滤镜的处理效果与图像的（　　）有关。

A. 分辨率　　　　B. 长宽比例　　　　C. 放缩显示倍率　　　　D. 裁切

8. 对左图执行（　　）命令后，可以得到右图所示的同心圆效果。

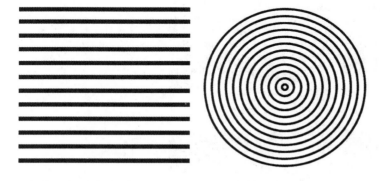

A. 滤镜→扭曲→切变　　　　　　　　B. 滤镜→扭曲→置换

C. 滤镜→扭曲→极坐标　　　　　　　D. 滤镜→扭曲→球面化

9. "滤镜→模糊"子菜单中的（　　）命令可以模拟前后移动相机或旋转相机时产生的模糊效果，它在实际的图像处理中常用于制作光芒四射的光效（见图）。

A. 特殊模糊　　　B. 镜头模糊　　　　C. 动感模糊　　　　D. 径向模糊

10. 如下图原稿所示,原稿执行菜单中的"滤镜→像素化→晶格化"命令后可以得到(　　)所示的效果。

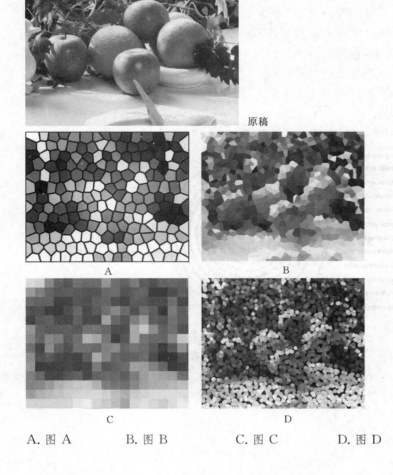

A. 图 A　　　　　B. 图 B　　　　　C. 图 C　　　　　D. 图 D

11.对图像应用某个滤镜后,按( )组合键将重复应用上次的滤镜,并弹出该滤镜的对话框。

A. Ctrl+F   B. Ctrl+Alt+F C. Alt+F   D. Ctrl+Shift+F

模块七　通道技术

模块导读

从印刷的角度来讲,通道实质上是一个单一色彩的平面,它是在色彩模式基础上衍生出的简化操作工具。Photoshop 中的通道工具不像图层那样容易上手,但是它功能强大,常用于图像的色彩色调调整、半透明对象的抠图、图像融合等方面。Alpha 通道还可以存储选区,进行选区的运算等。

本模块将重点学习和掌握通道的相关知识和操作技能,通过多个项目任务来学习通道调色、抠图、混合运算等,并综合运用学过的图层及蒙版知识进行图形图像的融合处理等。

学习目标

知识目标:

1.掌握 Photoshop CS6 中通道的概念、分类及功能;

2.掌握通道调色、抠图相关知识;

3.掌握"应用图像""计算"等通道混合运算功能;

4.掌握选区、通道、图层之间的转换操作方法。

能力目标:

1.能熟练运用通道对图形图像进行色调调整和抠图处理;

2.能运用通道的混合运算功能进行图形图像的融合处理;

3.能熟练地进行图层、选区和通道转换操作等。

项目一　使用通道调色、抠图

一、项目概述

1.项目描述

我们已学习过多种抠图的方法,但当我们要选择的图像是半透明时,如婚纱、发丝等,使用"套索""钢笔"或者"魔棒"等工具抠取出来的对象会将原图像的背景色带到新目标图像中,如果两者反差较大,合成效果会很生硬。通道抠图则可以解决半透明图像的抠图问题,利用它抠取的图像比较精准、自然。为了便于采用通道抠图,或进行整个画面的色彩调整,我们经常用通道中的色彩通道进行调色。本项目将通过两个任务来学习通道抠图及调色。

2.学习目标

(1)掌握运用通道抠图的方法;

(2)掌握运用通道调色的方法。

二、相关知识

1. 通道的概念

通道是由分色印刷的印版概念演变而来的。在印刷之前先通过计算机或电子分色机将一件艺术品分解成四色,并打印出分色胶片;一般地,一张真彩色图像的分色胶片是四张透明的灰度图,单独看每一张单色胶片时不会发现什么特别之处,但如果将这几张分色胶片分别着以C(青)、M(品红)、Y(黄)和K(黑)四种颜色并按一定的网屏角度叠印到一起时,我们会惊奇地发现,这原来是一张绚丽多姿的彩色照片。

RGB 模式有 Red(红)、Green(绿)、Blue(蓝)三个颜色通道,CMYK 模式有 Cyan(青)、Magenta(品红)、Yellow(黄)和 Black(黑)四个颜色通道。其他色彩模式同理。

2. 通道的分类

(1)复合通道(Compound Channel)。复合通道不包含任何信息,实际上它只是同时预览并编辑所有颜色通道的一个快捷方式。

(2)颜色通道(Color Channel)。图像的模式决定了颜色通道的数量,RGB 模式有 3 个颜色通道,CMYK 图像有 4 个颜色通道,Bitmap 色彩模式、灰度模式和索引色彩模式只有一个颜色通道,它们包含了所有将被打印或显示的颜色。

(3)Alpha 通道(Alpha Channel)。Alpha 通道是计算机图形学中的术语,指的是特别的通道。有时,它特指透明信息,但通常的意思是"非彩色"通道。

(4)专色通道(Spot Channel)。专色通道是一种特殊的颜色通道,它指的是印刷上想要对印刷物加上一种专门颜色(如银色、金色等)。

专色是指一种预先混合好的特定色彩油墨(或叫特殊的预混合油墨),用来替代或补充印刷色(CMYK)油墨,如明亮的橙色、绿色、荧光色、金属金银色油墨等。或者可以是烫金版、凹凸版等,还可以作为局部光油版等。它不是靠 CMYK 四色混合出来的,每种专色在交付印刷时要求专用的印版,专色意味着准确的颜色。

专色通道既是保存专色信息的通道,也可以作为一个专色板应用到图像和印刷当中,这是区别于 Alpha 通道的明显之处。同时,专色通道具有 Alpha 通道的一切特点:保存选区信息、透明度信息。

(5)单色通道:这种通道的产生比较特别,也可以说是非正常的。

3. 通道的作用

在图像的通道中记录了图像的颜色数据和选区,这些信息与各种操作密切相关。通道的作用主要有:

(1)表示墨水强度。利用 Info(信息)面板可以体会到这一点,不同的通道都可以用 256 级灰度来表示不同的亮度。

(2)表示颜色信息。例如预览 Red 通道,无论鼠标怎样移动,Info 面板上都仅有 R 值,其余的都为 0。

(3)表示选择区域。通道中白色的部分表示被选择的区域,黑色部分表示没有选中。利用通道,一般可以建立精确选区。

(4)表示不透明度。Alpha 通道也叫通道蒙版,白色区域表示蒙版透明,当载入时该区域的图像可被显示,黑色区域表示蒙版不透明,载入时该区域的图像被遮挡住显示不出来,灰色区域表示蒙版半透明,载入后的选区带有羽化效果。

三、项目实施

任务一:选取树叶并移动到另一幅风景图像中

步骤1:打开"素材/模块七素材/7.1素材"中的"树叶.jpg"文件,打开效果如图7-1-1所示,双击背景层改背景为图层0,并复制图层0,如图7-1-2所示。

图7-1-1 "树叶"素材   图7-1-2 复制"图层0"

步骤2:在当前图层(图层0副本)中,选择"图像→调整→去色"菜单命令,效果如图7-1-3所示。

步骤3:选择"图像→调整→曲线"菜单命令,在"曲线"对话框中选择"在图像中取样以设置白场"工具,设置如图7-1-4所示,在图像的背景部分灰色区域单击,把灰色背景变成白色。效果如图7-1-5所示。

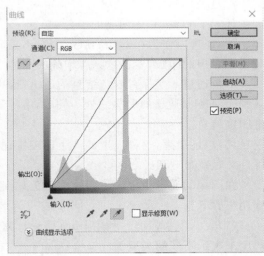

图7-1-3 "图像→调整→去色"效果   图7-1-4 用"曲线"调整背景为白色

步骤4:选择"图像→调整→亮度/对比度"命令将对比度调至"80",设置如图7-1-6所示。

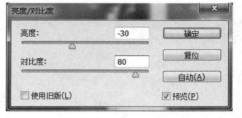

图7-1-5　"曲线"调整背景结果　　　　图7-1-6　调整"亮度/对比度"

步骤5:按【Ctrl+A】组合键全选当前图像,按【Ctrl+C】组合键复制图像,打开"通道"调板,单击"创建新通道"按钮![按钮],创建一个"Alpha 1"通道,创建通道如图7-1-7所示,按【Ctrl+V】组合键在新通道中粘贴图像,效果如图7-1-8所示。

图7-1-7　创建"Alpha 1"通道　　　　图7-1-8　在"Alpha 1"通道中粘贴图像

提示:Alpha通道或各颜色通道实质上是一幅256级的灰度图像。默认情况下,这些通道中的白色区域(表示不透明)将作为选区载入,黑色区域(表示全透明)不能载入为选区,灰色区域(表示半透明)载入后的选区带有羽化效果。

步骤6:按【Ctrl+D】键取消选区,选择"图像→调整→反相"菜单命令,效果如图7-1-9所示。

步骤7：单击"通道"调板中的"将通道作为选区载入"按钮 ▦，把通道中白色区域载入选区，效果如图7－1－10所示。

图7－1－9 "图像→调整→反相"　　　　　图7－1－10 "将通过道作为选区载入"

步骤8：在"图层"调板中选择"图层0"为当前图层，单击"图层0副本"的按钮 ◉，隐藏此图层，效果如图7－1－11所示，在菜单栏单击"选择→反向"命令，再按【Delete】键删除"图层0"中的背景图像，效果如图7－1－12所示。

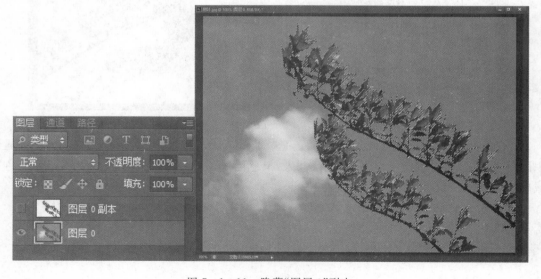

图7－1－11 隐藏"图层0"副本

图 7-1-12 删除"图层 0"中的背景图像

步骤 9：打开"素材/模块七素材/7.1 素材"文件夹中的"湖泊.jpg"文件，将抠出的树叶图像用"拖拽工具"按钮 ▶+ 移至"湖泊.jpg"文件中，按【Ctrl＋T】组合键进行旋转并调整大小，效果如图 7-1-13 所示。

图 7-1-13 拖入"湖泊"图片中

步骤10:为了调整出初春的感觉,需将树叶颜色运用通道调整为鹅黄色。在菜单栏点击"图像→调整→曲线"命令,选择"通道(C):红",调整曲线中像素最多的位置,"输入"和"输出"值分别为107、200,如图7-1-14所示;再选择"通道(C):绿",调整曲线中像素最多的位置,"输入"和"输出"值分别为140、230,如图7-1-15所示;最终效果如图7-1-16所示。

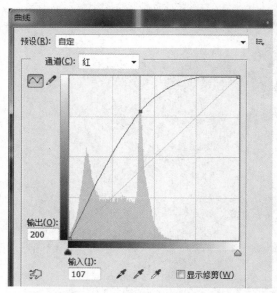
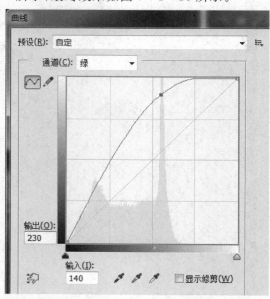

图7-1-14 曲线调整"红"通道　　　　　图7-1-15 曲线调整"绿"通道

图7-1-16 最终效果

☕ **小技巧**

使用通道抠图时,也可在"通道"调板中选择一个明暗对比强烈的颜色通道,将其复制一份,然后使用"色阶"或"曲线"命令及"画笔"工具等对复制的通道进行调整,将要抠取的区域调为纯白,不需要抠取的区域调为纯黑,需要羽化的半透明区域调为灰色,然后将该通道作为选区载入。

任务二:运用通道抠图选取人物婚纱

步骤1:打开"素材/模块七素材/7.1素材"文件夹,找到名为"婚纱"的文件,将"背景图层"双击改为"图层0",效果如图7-1-17所示。

图7-1-17 将"背景图层"改为"图层0"

步骤2:选择"通道"调板复制"绿"的通道,创建"绿副本",拖移"绿"通道至按钮 ,效果如图7-1-18所示。

图7-1-18 创建"绿副本"通道

步骤3：选择"图像→调整→亮度/对比度"命令设置对比度为100，如图7-1-19所示。

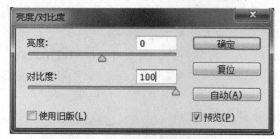

图7-1-19　调整"亮度/对比度"

步骤4：选择"渐变工具"中的"油漆桶"。设置前景色为黑色，对背景进行涂黑，效果如图7-1-20，再选择画笔工具，画笔大小设置为合适的大小，如13，设置前景色为白色，对人物头部等黑色区域进行填充白色。效果图如图7-1-21所示。

图7-1-20　把背景涂黑

图7-1-21　把头发及人体部分涂白

步骤5：单击"通道"调板中的"将通道作为选区载入"按钮　，选择"图层"调板中的"图层0"为当前图层，效果如图7-1-22所示。

图 7 - 1 - 22 "将通道作为选区载入"

步骤 6：选择菜单"选择→反向"命令，按【Delete】键删除"图层 0"中的背景图像，效果如图 7 - 1 - 23 所示。

图 7 - 1 - 23 删除"图层 0"中的背景图像

步骤 7：打开"素材/模块七素材/7.1 素材"中的"草地"文件，将抠出来的婚纱人物图像用"拖拽工具"按钮 拖到"草地"文件中并调整位置，最终效果如图 7 - 1 - 24 所示。

图 7 - 1 - 24   最终效果

四、项目小结

(1)通过通道作选区。在通道中颜色分为黑、白、灰三个层次,其中白色区域完全载入选区的内容,黑色区域完全在选区以外,难把握的部分是透明区域,其灰度设置要适中。

(2)颜色通道经常用来进行图像的色彩和画面色调调和,调整方法有"图像→调整"命令中的"曲线""色阶""通道混合器"等。

项目二 通道的混合运算

一、项目概述

1. 项目描述

本项目将通过任务一解析 Photoshop CS6 的"计算"命令的应用原理及使用方法,通过任务二介绍"应用图像"命令的应用原理及使用方法。

2. 学习目标

(1)掌握"计算"命令的应用原理及使用方法;

(2)掌握"应用图像"命令的应用原理及使用方法等。

二、相关知识

1. 通道的混合运算

通道混合运算就是把一个或多个图像中的若干个通道进行合成计算,以不同的方式进行混合,得到新图像或新的通道。通道混合运算包括"应用图像"和"计算"两个命令。

(1)应用图像。通过"应用图像"可以将源图像中的一个或多个通道进行编辑运算,然后将编辑后的效果应用于目标图像,从而创造出多种合成效果。执行"图像→应用图像"命令,则可打开"应用图像"对话框。

"应用图像"对话框包括以下选项：

• 源：可以在下拉列表中选择一幅图像与当前图像混合，该项默认的是当前图像。

• 图层：设置源图像中的哪一个图层进行混合，如果不是分层图，则只能选择背景层，如果是分层图，在"图层"下拉列表中会列出所有的图层，并且有一个合并选项，选择该项即选中了图像中的所有图层。

• 通道：该选项用于设置源图像中的哪一个通道进行运算，"反相"会将源图像进行反相，然后再混合。

• 混合：设置混合模式。

• 不透明度：设置混合后图像对源图像的影响程度。

• 保留透明区域：选择此项后，会在混合过程中保留透明区域。

• 蒙版：用于蒙版的混合，以增加不同效果。

（2）计算。计算是另一种图像混合运算，它和应用图像命令相似。在 Photoshop 中两个选区间可以有相加、加减、相交等不同的运算方法。Alpha 通道实际上是存储起来的选择区域，能够利用"计算"的方法来实现各种复杂的图像效果，作出新的选择区域形状。通道的计算是把两个不同的通道通过混合生成新的通道、新的选区。可以混合两个来自一个或多个源图像的单个通道。可以将结果应用到新的图像或新通道，或直接将合成后的结果转换成选区。不能对复合通道应用"计算"命令。执行"图像→计算"命令，打开"运算"对话框。通道"计算"对话框与"应用图像"对话框基本上相同。

"计算"对话框包括以下选项：

• 源：有源 1 和源 2 两个图像源，选取第一个源图像、图层和通道，可以在其下拉列表中选择一幅图像与当前图像混合，该项默认是当前图像。选择"反相"在计算中使用通道内容的负片。

• 图层：设置源图像中的哪一层来进行混合，如果不是分层图，则只能选择背景层，如果是分层图，在"图层"的下拉列表中会列出所有的图层，并且有一个合并选项，选择该项即选中了图像中的所有图层。

• 通道：该选项用于设置源图像中的哪一个通道进行运算，"反相"会将源图像进行反相，然后再混合。

• 混合：设置混合模式。

• 不透明度：设置混合后图像对源图像的影响程度。

• 保留透明区域：选此项后，会在混合过程中保留透明区域。

• 蒙版：用于蒙版的混合，以增加不同的效果。

• 结果：两个通道计算后的结果体现在"结果"下拉列表中，有 3 个选项，分别是新文件、新通道以及选区，可以将图像运算的结果保存到新文件、新通道以及转化为选区。

其实计算命令与应用图像命令的应用原理有着异曲同工之处，只不过采用计算命令，将会在通道中形成新的待选区域；而应用图像命令将直接应用于图层，是不可逆的。

2. Alpha 通道与选区的转换

Alpha 通道实质上是一幅 256 级的灰度图像，单击"通道"调板中的"将通道作为选区载入"按钮 ▦ 时，默认情况下，这些通道中的白色区域（即不透明部分）将作为选区载入，黑色区域（即全透明部分）不能载入选区，灰色区域（表示半透明）载入后的选区带有羽化效果。也可以这样理解，Alpha通道也叫通道蒙版，蒙版的白色区域表示蒙版透明，该区域的图像可以显示，蒙版的黑色区域表示蒙版不透明，该区域的图像被遮挡住显示不出来。

三、项目实施

任务一：制作霓虹灯字

步骤1：新建文件，宽12厘米，高8厘米，分辨率72dpi，RGB色，结果如图7-2-1所示。

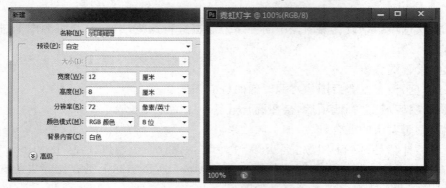

图7-2-1 新建文件

步骤2：输入"霓虹灯"三个字，字体为幼圆，字号100点，字体颜色为黑色，结果如图7-2-2所示。

图7-2-2 创建"霓虹灯"文本图层

步骤3：将文字载入选区，并存储选区，命名为"细"，得到名称为"细"的通道，如图7-2-3所示。

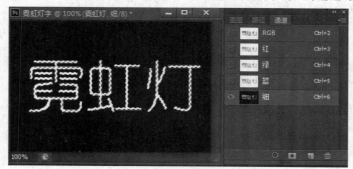

图7-2-3 创建名称为"细"的通道

步骤4:复制"细"通道,载入选区后,选择"选择→修改→扩展"命令,扩展量设置2个像素,将得到的新选区用白色填充并取消选区,更名为"粗",结果如图7-2-4所示。

图7-2-4　创建名称"粗"的通道

步骤5:选择"滤镜→模糊→高斯模糊"命令,分别对"粗"通道和"细"通道进行高斯模糊,"粗"通道模糊半径(R)设为3.0,"细"通道模糊半径(R)设为2.0(注意,高斯模糊前一定要取消选区),结果如图7-2-5所示。

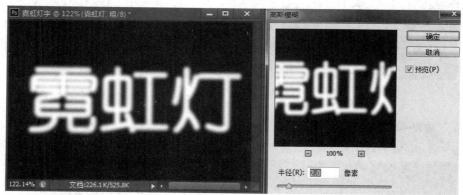

图7-2-5　"粗"和"细"通道执行"高斯模糊"

步骤6:进行通道运算。选择"图像→计算"命令,在图7-2-6所示的"计算"对话框中进行选项设置,源1通道为"粗",源2通道为"细","混合"方式选"差值","结果"选择"新建通道",按"确定"后得到如图7-2-7所示的新通道Alpha 1。

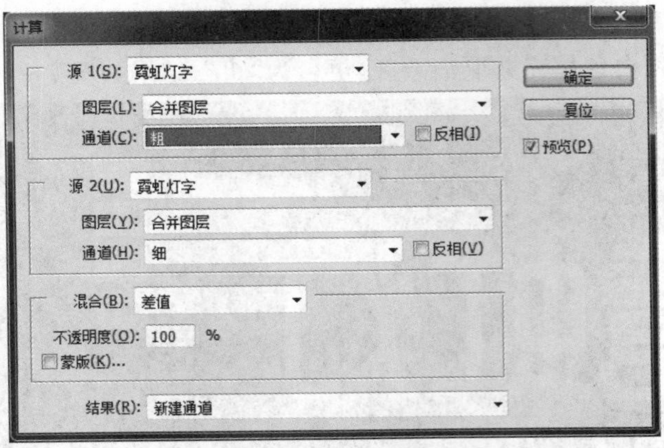

图 7-2-6 通道"计算"对话框

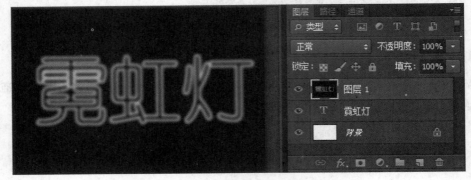

图 7-2-7 "计算"结果存为"Alpha 1"通道

步骤 7：将结果通道 Alpha 1 复制到图层面板中。分别按【Ctrl＋A】和【Ctrl＋C】组合键复制 Alpha 1 通道，切换到图层面板中，再按【Ctrl＋V】组合键得到如图 7-2-8 所示"图层 1"。

图 7-2-8 将通道 Alpha 1 复制为"图层 1"

步骤 8：新建"图层 2"，图层混合模式设置为"颜色"，用彩虹渐变填充，结果如图 7-2-9 所示。

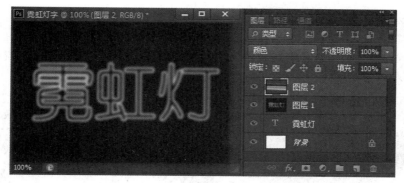

图 7-2-9　创建并编辑"图层 2"

任务二：图像的合成效果

为了便于大家理解"应用图像"命令的应用原理，我们精心地设计了人物插画实例素材，其中包括两个图层——"人物"与"背景"，并对"人物"创建了一个渐变的 Alpha 1 通道。图像合成最终效果如图 7-2-18 所示，操作步骤如下：

步骤 1：打开"素材/模块七素材/7.2 素材"文件夹中的"人物.psd"文件，如图 7-2-10 所示。

图 7-2-10　打开"人物.psd"素材

步骤 2：执行"图像→应用图像"命令，打开如图 7-2-11 所示"应用图像"对话框。

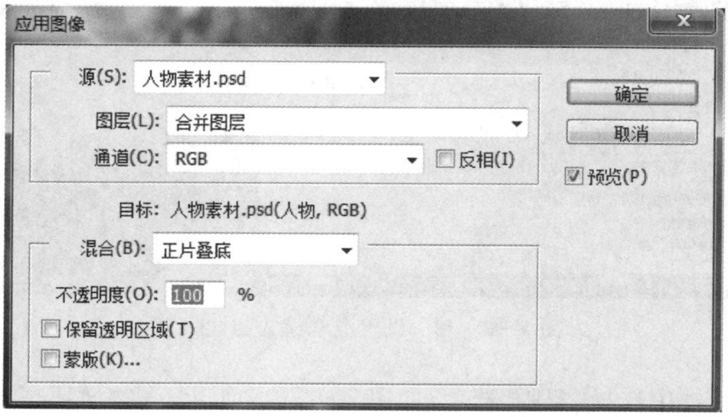

图 7-2-11　"应用图像"对话框

步骤3:选择"人物"图层为当前图层,在对话框中进行下列选项设置:

①"图层"选择。在对话框中选择需要与人物图层相混合的图层为"背景"。

②"通道"选择。选择背景图层采用RGB复合通道与人物图层进行混合;"混合"模式为默认模式"正片叠底"时,结果如图7-2-12所示。

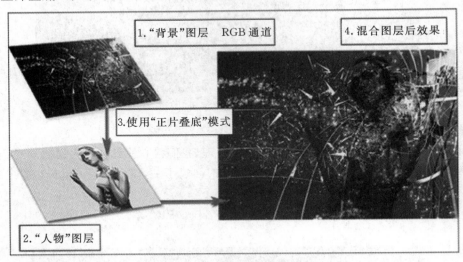

图7-2-12 混合图层原理图解

步骤4:更改"混合"模式为"滤色",效果如图7-2-13所示。

图7-2-13 设置混合模式为"滤色"

步骤5:在对话框中选择"蒙版"选项,如图7-2-14所示,人物面部亮光零乱,而手臂部分缺省眩光效果,与我们的期望相反,蒙版的合成原理如图7-2-15所示。

图 7-2-14 设置"蒙版"选项

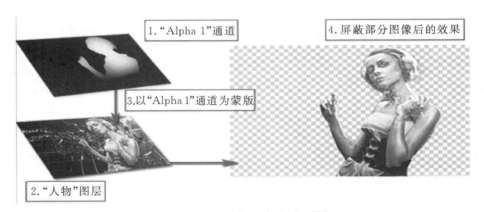

图 7-2-15 蒙版的合成原理图解

步骤 6:在对话框中下方勾选"反相"选项,实质将 Alpha 1 通道反相,如图 7-2-16 所示,再选中"保留透明区域",如图 7-2-17 所示。确定后,最终效果如图 7-2-18 所示。

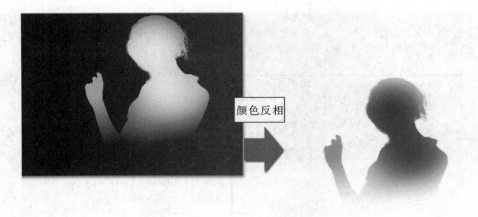

图 7 - 2 - 16　勾选"反相"后蒙版变化

图 7 - 2 - 17　勾选"反相"后的图像效果

图 7－2－18　最终效果

四、项目小结

（1）通道和选区可以相互转换，用菜单命令"选区→存储选区"，将选区保存为 Alpha 通道，反过来，可用菜单命令"选区→载入选区"或按通道面板上的 ▨ 按钮，将通道转换为选区；

（2）可运用"滤镜→模糊→高斯模糊"等滤镜技术编辑通道；

（3）利用"图像→计算"命令功能对两个通道完成"差值"等计算，计算结果可生成一个新的 Alpha 通道。

项目三　用通道、滤镜和图层蒙版融合图像

一、项目概述

1. 项目描述

本项目中的任务在通道编辑过程中运用了"滤镜→模糊→高斯模糊""滤镜→滤镜库→素描→铬黄渐变"等滤镜技术以及"图像→调整→色阶"等色调调整技术进行通道的编辑，将编辑好的通道再复制粘贴为图层，再对相关图层和通道进行编辑和运用"色阶""曲线""去色""反相"等色调调整技术进行调整后，最终实现骏马、背景素材和水花的有机融合。

2. 学习目标

（1）掌握滤镜技术在通道编辑中的应用；

（2）能运用通道、滤镜和图层蒙版等多项技术进行图像的融合处理。

二、相关知识

1.通道的编辑方法

选择一个通道后,此时,默认状态为灰度色,可以使用绘画工具或者滤镜工具对其进行编辑。当编辑完一个或多个通道后,如果想要返回到默认的状态来查看彩色图像,则可以单击复合通道,这时,所有的颜色通道重新被激活。

2.通道的分离和合并

对于一个多通道的图像,可以通过分离通道形成相应个数的单灰度图像,从而对各通道进行相互独立的操作,十分方便。

可以通过单击通道控制面板右上角处的图标,在菜单中选择"分离通道"即可以使每个通道都成为一幅幅单独的灰度模式图像。

既然有分离就有合并,同样的操作方式单击图标,选择"合并通道",选择合适的合并模式和确定合并的灰度图即可,这样的合并会得到意想不到的效果。

三、任务实施

任务:制作湖中飞出的液态透明骏马

步骤1:打开"素材/模块七素材/7.3素材"文件夹中的"骏马"素材,进入通道面板,把蓝色通道复制一份,得到蓝副本通道,如图7-3-1所示。

图7-3-1 复制蓝色通道

步骤2:按【Ctrl+I】组合键把蓝副本通道反相,效果如图7-3-2所示。

图7-3-2　"蓝副本"通道反相

步骤3:选择菜单"滤镜→模糊→高斯模糊"命令,数值为8,效果如图7-3-3所示。

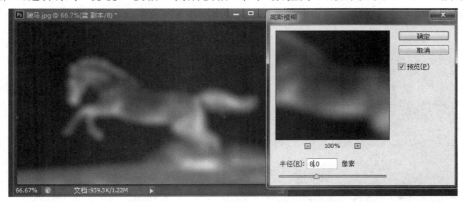

图7-3-3　"滤镜→模糊→高斯模糊"

步骤4:选择"滤镜→滤镜库→素描→铬黄渐变"命令,然后设置参数,把细节和平滑度都设置到最大,效果如图7-3-4所示。

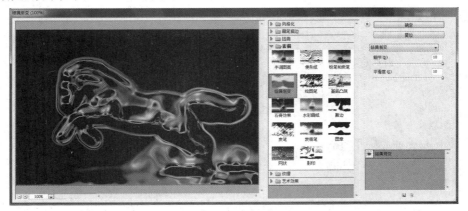

图7-3-4　"滤镜→滤镜库→素描→铬黄渐变"

步骤5：选择"图像→调整→色阶"命令，如图7-3-5所示。

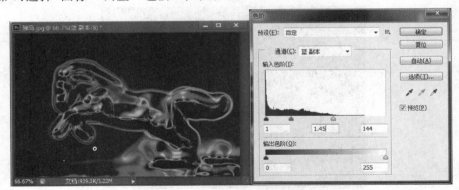

图7-3-5 "图像→调整→色阶"

步骤6：按【Ctrl＋A】组合键把蓝副本通道全选，按【Ctrl＋C】组合键复制，点RGB通道后，返回图层面板；新建一个"图层1"，按【Ctrl＋V】组合键粘贴蓝副本通道，结果如图7-3-6所示。

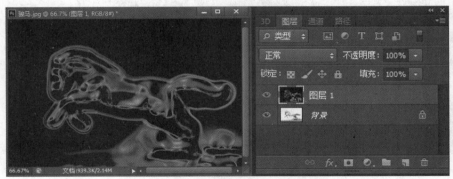

图7-3-6 复制"蓝副本"通道到图层

步骤7：把背景图层复制一层并置顶层，再按【Ctrl＋I】组合键把背景副本图层反相，适当调整亮度，效果如图7-3-7所示。

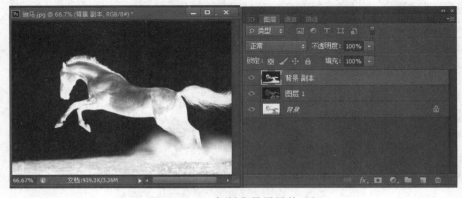

图7-3-7 复制背景图层并反相

步骤8：把混合模式改为"正片叠底"，效果如图7－3－8所示。

图7－3－8 改混合模式为"正片叠底"

步骤9：选择"图像→调整→曲线"命令，把RGB通道调亮一点，参数及效果如图7－3－9所示。

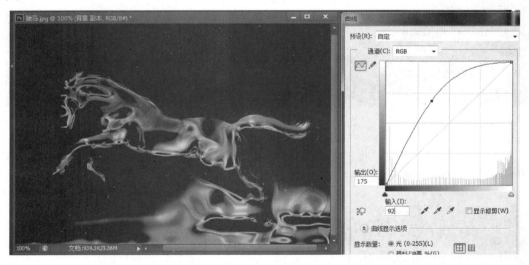

图7－3－9 在"曲线"中调亮RGB通道

步骤10：新建一个图层，把背景图层复制一层，得到"背景副本2"图层，置顶层，如图7－3－10所示。

图 7 - 3 - 10 复制得"背景副本 2"图层

步骤 11：进入通道面板，用通道抠出马轮廓，如图 7 - 3 - 11 所示。

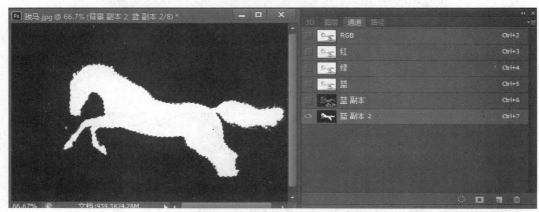

图 7 - 3 - 11 用通道抠出的马轮廓

步骤 12：回到图层面板，把"背景副本 2"图层隐藏，把"背景副本"选为当前图层，按【Ctrl＋Alt＋Shift＋E】组合键，盖印图层，生成"图层 2"，保持选区，如图 7 - 3 - 12 所示。

图 7 - 3 - 12 隐藏"背景副本 2"图层

步骤13：打开"素材/模块七素材/7.3素材"文件夹中的"背景"素材，新建一个图层，按【Ctrl＋V】组合键粘贴，然后把混合模式改为"滤色"。按【Ctrl＋L】组合键稍微调亮一点，确定后按【Ctrl＋T】组合键调整一下角度，如图7-3-13所示。

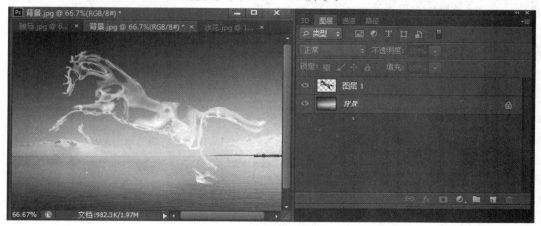

图7-3-13　将选区图像粘贴到"背景"素材中

步骤14：打开"素材/模块七素材/7.3素材"文件夹中的"水花"素材，选择"图像→调整→去色"命令，再按【Ctrl＋I】组合键反相，然后用曲线调整一下明暗。用移动工具把处理好的水花素材拖进来，放到背景图层上方，并调整好大小，如图7-3-14所示。

图7-3-14　添加"水花"素材

步骤15：给当前图层添加图层蒙版，把混合模式改为"滤色"，用柔边黑色画笔编辑图层蒙版，擦掉边缘一些不需要的部分，效果如图7-3-15所示。

图 7 - 3 - 15 给"水花"添加图层蒙版

步骤 16：再进行色调等调整，最终效果如图 7 - 3 - 16 所示。

图 7 - 3 - 16 最终效果

四、项目小结

（1）编辑 Alpha 通道时常用到一些技术如下：

①色彩调整技术，如"图像→调整"命令中的"曲线""色阶""亮度/对比度"等；

②选择工具，如套索、魔棒工具及用路径转换选区等；

③绘图工具,如画笔、渐变色、喷枪和油漆桶工具等。

(2)编辑通道时,适当地运用滤镜技术,有时可产生意想不到的效果。

(3)通过通道进行图层融合时,在混合运算中,图层融合用到混合模式中的"滤色"以及图层蒙版技术等。

 练习题

1. 想要直接将 Alpha 通道中的选区载入,那么该按住(   )键的同时并单击 Alpha 通道。

A. Alt　　　　　B. Ctrl　　　　　C. Shift　　　　　D. Shift＋Alt

2. 一幅 CMYK 模式的图像,在(   )状态下不可以使用分离通道(Split Channels)命令。

A. 图像中有专色通道　　　　　B. 图像中有 Alpha 通道

C. 图像中有多个图层　　　　　D. 图像只有一个背景层

3. Alpha 通道的主要用途是(   )。

A. 保存图像的色彩信息　　　　　B. 进行通道运算

C. 用来存储和建立选择范围　　　D. 调节图像的不透明度

4. "通道"面板中的 ![图标] 图标按钮的主要功能是(   )。

A. 将通道作为选区载入　　　　　B. 将选区存储为通道

C. 创建新通道　　　　　　　　　D. 创建新专色通道

5. 在实际工作中,常常采用(   )的方式来制作半透明或毛发等图像的选区。

A. 钢笔工具　　B. 套索工具　　C. 通道选取　　D. 魔棒工具

6. Photoshop 中多处涉及蒙版的概念,例如快速蒙版、图层蒙版等,所有这些蒙版的概念都与(   )的概念相类似。

A. Alpha 通道　B. 颜色通道　　C. 复合通道　　D. 专色通道

7. 下面(   )方法不可以将现存的 Alpha 通道转换为选择范围。

A. 选中要转换为选区的 Alpha 通道,并单击通道面板下方的"将通道作为选区载入"按钮

B. 按住 Ctrl 键单击通道的缩略图

C. 执行"选择→载入选区"命令

D. 双击 Alpha 通道

8. 显示"通道"调板的快捷键是(   )。

A. F5　　　　　B. F6　　　　　C. F7　　　　　D. 无快捷键

9. (   )与 Alpha 通道蒙版都是用来保护图像区域的,但它只是一种临时蒙版,不能重复使用,通道蒙版可能作为 Alpha 通道保存在图像中,应用比较方便。

A. 快速蒙版　B. 图层蒙版　　C. 单色通道　　D. 通道蒙版

10. 在 Photoshop 中没有(   )通道。

A. 彩色通道　　B. Alpha 通道　C. 专色通道　　D. 路径通道

11. 关于"应用图像"命令和"计算"命令,以下说法正确的是(   )。

A. "应用图像"的源只有一个,"计算"可以有两个

B. "应用图像"可以使用图像的彩色复合通道作运算,"计算"只能用单一通道作运算

C."应用图像"和"计算"运算结果都是新的通道或建立一个全新的通道文件

D."应用图像"和"计算"命令都要求参与运算的两个文件具有完全相同的大小和分辨率

12. 如下图所示,用"计算"命令使 A 图中图层 2 与图层 1 进行运算,得到 B、C、D 三种效果的通道,以下说法不正确的是(　　)。

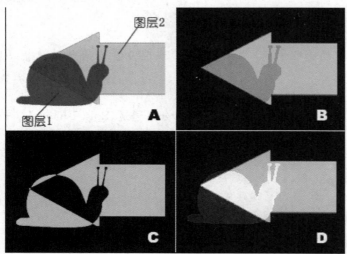

A. B 通道是由"相减"运算得到的,计算中图层 1、2 的通道设为"透明"

B. C 通道是通过"差值"运算得到的,计算中图层 1、2 的通道设为"透明"

C. D 通道是通过"相加"运算得到的,计算中图层 1、2 的通道设为"透明"

D. D 通道是通过"相加"运算得到的,计算中图层 1、2 的通道设为"灰色"

模块八　网页制作

模块导读

　　一般企业网站由企业标识 logo、导航栏、横幅广告 banner、内容、友情链接及版权六部分组成。美观、大方、合理、规范的网页布局可提高网页的点击率,要求网站设计人员在网站建设之前做好以下几个方面的工作:首先,运用 Photoshop 完成网站的整体规划,优化网页布局;其次,布局要点控制,即通过 PS 效果图来引导设计人员明确设计要点,网页文档要素、网站背景颜色、导航字体、正文字体以及图文之间的关系等;再次,对 PS 设计好的网页进行切片处理并优化输出为 Web 所用格式,以便提高网页图片的下载速度。

　　本模块首先学习网站元素的设计与制作,其中包括:①logo 设计制作;②banner 设计制作;③网页背景制作;④导航栏设计制作。在此基础上学习网站首页和其他页面设计。之后,再学习网页图片的切片与优化输出等。

学习目标

知识目标:

1.掌握企业网站的组成要素和各部分的设计要点;

2.掌握 Photoshop 制作简单动画相关技术;

3.掌握网页效果图的制作流程和相关技术;

4.掌握网页图片的切片和优化输出技术。

能力目标:

1.能灵活运用 Photoshop 相关技术进行网页元素的设计;

2.能用 Photoshop 设计制作简单的网页动画;

3.能综合运用所学知识合理地布局设计网页效果图;

4.能运用切片工具对网页图片进行合理的切割和编辑,并优化输出为 Web 所用格式。

项目一　网站 logo 设计制作

一、项目概述

1.项目描述

　　logo 是网站的灵魂和形象的重要体现,它反映网站拥有者的相关信息,使受众便于选择,也是与其他网站建立链接以及让其他网站链接的标志和门户。通过 PS 中的造型绘制、文字、图层、路径编辑等技术可进行 logo 设计与制作。

　　本项目的 logo 设计制作过程中,主要运用到了矩形、椭圆等选框工具,图形、文字编辑技术,以及文字嵌入路径技术等。

2.学习目标

(1)掌握 logo 相关知识；

(2)掌握 logo 设计制作相关技术和技巧。

二、相关知识

1.logo 的特点

(1)功用性。logo 的本质在于它的功用性。经过艺术设计的 logo 不但具有观赏价值，更重要的是具有实用性。它是人们进行生产活动、社会活动必不可少的直观工具。

(2)识别性。logo 最突出的特点是各具独特面貌，易于识别，显示事物的自身特征，标示事物间不同的意义。区别与归属是 logo 的主要功能。各种 logo 直接关系到国家、集团乃至个人的根本利益，决不能相互雷同、混淆，以免造成错觉。因此 logo 必须特征鲜明，令人一眼即可识别，并过目不忘。

(3)显著性。显著是 logo 又一重要特点，除隐形 logo 外，绝大多数 logo 的设置就是要引起人们注意。因此色彩强烈醒目、图形简练清晰，是 logo 通常具有的特征。

(4)多样性。logo 种类繁多、用途广泛，无论从其应用形式、构成形式、表现手段来看，都有着极其丰富的多样性。其应用形式不仅有平面的，还有立体的。

(5)准确性。logo 设计无论要说明什么、指示什么，无论是寓意还是象征，其含义必须准确、易懂，符合人们认识心理和认识能力。

(6)持久性。logo 与广告或其他宣传品不同，一般都具有长期的使用价值，不轻易改动。

2.网站上 logo 的作用

(1)logo 是网站形象的重要体现。对任意一个网站来说，logo 即是网站的名片。对于一个追求品质的网站而言，logo 更是它的灵魂所在，起到"画龙点睛"的作用。

(2)Internet 之所以叫作"互联网"，其最基本的特性在于各个网站之间可以链接。要让其他人进入目标网站，必须提供一个让其进入的门户，logo 是各网站间相互链接的标志和门户。

(3)logo 能使受众便于选择。一个好的 logo 往往会反映网站拥有者及制作者的某些信息，特别是对一个商业网站来话，可以从网站中基本了解到这个网站的类型或者基本内容信息。

三、项目实施

任务一：企业网站 logo 设计

步骤1：新建一个文件，文件设置参数如图 8-1-1 所示。

步骤2：执行"编辑→首选项→参考线、网格和切片"命令，网格线参数设置如图 8-1-2 所示，再执行"视图→显示→网格线"命令，网格显示效果如图 8-1-3 所示。

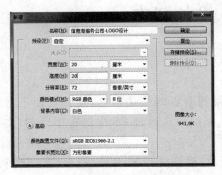

图 8-1-1　新建文件中参数设置

图 8-1-2　设置网格线

步骤 3：新建"图层 1"，将前景色设置为＃24089e，点击矩形选框工具，创建一个矩形选框，按住【Alt＋Delete】组合键进行填色，如图 8-1-4 所示，按住【Ctrl＋D】组合键取消选框。

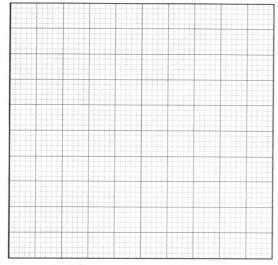

图 8-1-3　显示网格线

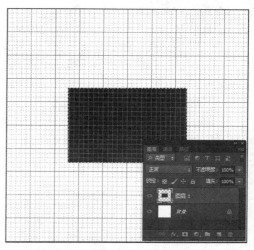

图 8-1-4　新建并填充"图层 1"

步骤 4：按住【Ctrl＋T】组合键对"图层 1"进行调整，顺时针旋转角度改为 45 度，如图 8-1-5 所示。

步骤 5：新建"图层 2"，在其上建立一个新的矩形选框，填充为白色，同理，再绘制"图层 3""图层 4"，移动三个图层的相对位置，按【Shift】键的同时，选中三个图层，右击在快捷菜单中选择"链接图层"，结果如图 8-1-6 所示。

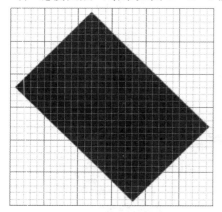

图 8-1-5　"图层 1"顺时针旋转 45 度

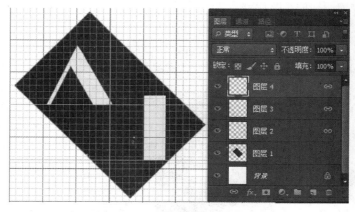

图 8-1-6　绘制编辑白色色块

步骤 6：新建"图层 5"，绘制一个矩形选框，并将其颜色填充为 RGB：183，169，240，如图 8-1-7所示。

步骤 7：将"图层 5"拖动到创建新图层按钮上，得到图层 5 副本，重复操作 6 次，得到图示 7 个复制的图层，再将"图层 5 副本 7"向下移动到图 8-1-8 所示位置后，同时选中"图层 5"及 7 个复制的图层，执行"图层→分布→垂直居中"命令，结果如图 8-1-9 所示。

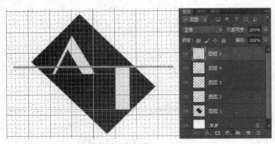
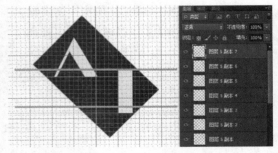

图 8-1-7　绘制浅紫色色条　　　　　　　　图 8-1-8　向下移动"图层 5 副本 7"

　　步骤 8：合并七个副本图层，得到了合并图层"图层 5 副本 7"，在该图层上用矩形选框工具框选下边白色块右边线以左的部分，按【Ctrl＋X】组合键进行"剪切""粘贴"，得到"图层 6"并移动其位置，如图 8-1-10 所示。

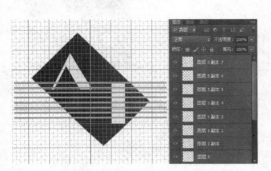
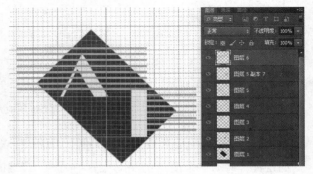

图 8-1-9　分布选中图层　　　　　　　　　图 8-1-10　编辑浅紫色色条

　　步骤 9：用放大镜放大，再用多边形套索工具框选不要的部分将其删除，结果如图 8-1-11 所示。

　　步骤 10：选择横排文字工具输入"XINXIGANGFU"，大小为 24 点，字体为"Arial"，如图 8-1-12所示。

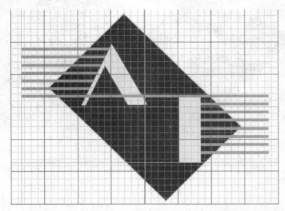

图 8-1-11　用多边形套索工具编辑浅紫色色条　　　　图 8-1-12　最终效果图

　　步骤 11：选择横排文字工具输入"信息港服务公司"，字体为楷体，大小为 48 点，颜色为深蓝色。然后，按回车键输入"ZHE JIANG HANG ZHOU SHANG GONG"，字体为宋体，颜色为深蓝色，大小为 24 点，隐藏参考线和网格，最后效果如图 8-1-12 所示。

任务二:宝马标志制作

步骤1:新建文件,尺寸为 500 像素×500 像素,颜色模式为 RGB 色,分辨率为 72dpi,透明背景,如图 8-1-13 所示。

步骤2:按【Ctrl+R】组合键显示标尺,在水平和垂直标尺上分别拖出页面对称的辅助线,如图 8-1-14 所示。

步骤3:前景色设置为 RGB:0,0,255,选用"椭圆工具",按【Shift+Alt】组合键,从两条参考线交点位置为圆心拖出一个圆,按【Alt+Del】组合键填充前景色,结果如图 8-1-14 所示,按【Ctrl+D】组合键取消选区。

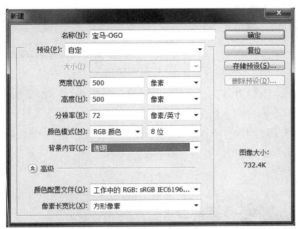

图 8-1-13 新建文件

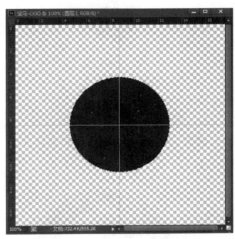

图 8-1-14 以交点为圆心绘制图

步骤4:用"矩形选框工具"选取右上半边,之后在按【Ctrl+ Shift+Alt】组合键的同时,单击"图层 1"的缩略图(即载入圆形选区),则求出了两个选区的交集部分,如图 8-1-15 所示。执行"图像→调整→色相/饱和度"命令,打开相应的对话框,参数设置及结果如图 8-1-16 所示命令,其中"明度"为+100。

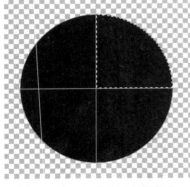

图 8-1-15 求选区交集部分

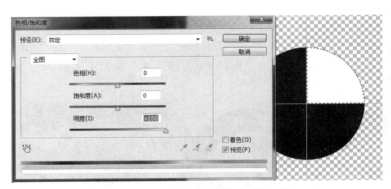

图 8-1-16 调整选区"色相/饱和度"

步骤5:用同样的方法,将左下半边也调成白色,如图 8-1-17 所示。

步骤6：取消选区，执行"编辑→描边"命令，参数设置及效果如图8-1-18所示，描边10px，居外，颜色选白色。

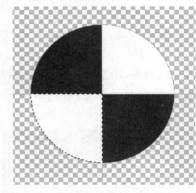
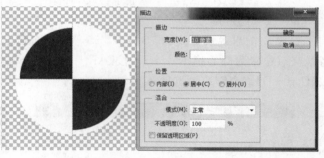

图8-1-17　调整选区色相　　　　　　　　　　图8-1-18　"编辑→描边"

步骤7：新建"图层2"，前景色设置为黑色，按【Shift＋Alt】组合键在"图层2"上用椭圆选框工具，再画一个同心圆，用前景色填充，如图8-1-19所示。

步骤8：选择工具箱中的"椭圆工具"，设置属性栏的绘图方式为"路径"，按【Shift＋Alt】组合键从十字中心拖出一个圆，生成一个工作路径，如图8-1-20所示。

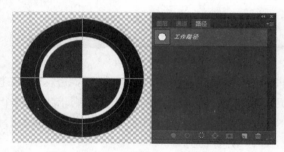

图8-1-19　新建"图层2"　　　　　　　图8-1-20　用"椭圆工具"绘制路径

步骤9：选择"横排文字工具"，移动鼠标到路径附近，待鼠标形状变为带有曲线的插入点形状时，在路径上点一下，输入"BMW"三个字母，字体为"Arial"，字号40点，如图8-1-21所示。

步骤10：用路径选择工具，拖动文字到顶部对称的位置，隐藏参考线，释放工作路径，如图8-1-22所示。

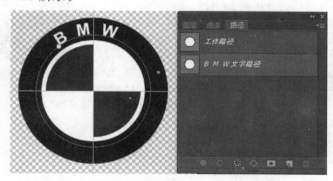

图8-1-21　文字绕路径排列　　　　　　　　图8-1-22　释放工作路径

步骤 11:打开"素材 1"文件,用移动工具将其拖入宝马标志文件中,置于底层,最终效果如图 8-1-23 所示。到此为止,这个标志已经做完。

图 8-1-23 最终效果

四、项目小结

通过该项目的任务练习一方面提高 logo 的设计制作能力,另一方面提高 PS 相关功能的综合运用能力。例如:任务一中运用"编辑→首选项→参考线、网格和切片",以及"视图→显示→网格线"功能来设置绘图环境,运用"图层→分布→垂直居中"等来实现多个图层元素的快速布局等。任务二中运用【Shift+Alt】、【Ctrl+ Shift+Alt】等组合键来绘制同心圆选区,并对选区进行运算操作得到所需要的造型;运用路径及文本功能使文本嵌入路径,实现文本的造型等。这些都是设计和制作 logo 必须掌握的功能和技巧。

项目二 banner 设计与动画效果制作

一、项目概述

1. 项目描述

banner(旗帜广告,横幅广告)是网站的重要组成元素,一般使用 GIF 格式的图像文件。其有静态图形和多帧图像拼接为动画图像两种形式。

banner 创作的主要工具是 Photoshop 和 Adobe Flash。Flash 主要用于制作 banner 中的动画,而造型、背景、素材编辑、图像特效等则通过 Photoshop 完成。另外,Photoshop 软件中的时间轴,也可以制作出简单的动画效果。

本项目任务首先制作出三幅静态的 banner 图,再利用 Photoshop 的时间轴功能制作简单的 GIF 动画。

2. 学习目标

(1)掌握 banner 相关知识和设计制作技术;

(2)掌握用 Photoshop 制作简单动画的方法。

二、相关知识

1. banner 基础知识

(1)banner 的概念。

banner 主要体现中心意旨,形象鲜明地表达最主要的情感思想或宣传中心。banner 可以作为网站页面的横幅广告(旗帜广告),是网络广告的主要形式,一般使用 GIF 格式的图像文件,可以使用静态图形,也可用多帧图像拼接为动画图像。除普通 GIF 格式外,新兴的 Rich Media Banner 能赋予 banner 更强的表现力和交互内容,但一般需要用户使用的浏览器插件支持。

(2)尺寸标准。

作为网站页面的横幅广告,有一定的尺寸标准,常用的尺寸有 468 像素×60 像素或 233 像素×30 像素。随着大屏幕显示器的出现,banner 的表现尺寸越来越大,760 像素×70 像素,1000 像素×70 像素的大尺寸 banner 也随之出现。

当前 banner 采用的尺寸标准是由 Internet Advertising Bureau (IAB,国际广告局)的"标准和管理委员会"联合 Coalition for Advertising Supported Informatiln and Entertainment (CASIE,广告支持信息和娱乐联合会)推出了一系列网络广告宣传物的标准尺寸(分别是 1997 年和 2001 年公布)。这些尺寸作为建议,提供给广告生产者和消费者,使大家都能接受。

2. Photoshop 的时间轴

在网站的网页中,经常看到一些动画类型的图片以及影视作品,也可在网店中嵌入一些动画图像,一方面来美化网店的形象,还可以借助动画的演绎效果增强销售产品的性能宣传,提高消费者的购买欲望。运用 Photoshop 中的时间轴功能可以创建视频动画和帧动画。

(1)调出视频时间轴面板。

选择"窗口→时间轴"命令,打开如图 8-2-1 所示的时间轴面板,在该面板中单击

创建视频时间轴 ▼ 下拉按钮,选择"创建视频时间轴/创建帧动画",如果选择"创建帧动画"选项,则弹出如图 8-2-2 所示的帧动画编辑对话框,在该面板中可进行帧动画的编辑。

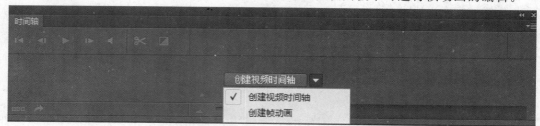

图 8-2-1 时间轴面板

图 8-2-2 时间轴"创建帧动画"面板

（2）切换"创建视频时间轴/创建帧动画"面板。

如果选择了"创建视频时间轴"后，若想切换到"帧动画"面板，可以点击图 8-2-3 左下方的按钮 ▦▦▦ 进行切换。

图 8-2-3 "创建视频时间轴"面板

三、项目实施

任务一：制作三幅(778×254)西安旅游广告页面

1. 制作"兵马俑"页面

步骤 1：新建页面尺寸为 778 像素×254 像素、RGB 色、72dpi，命名为"兵马俑"的文件。

步骤 2：打开"素材/模块八素材/8.2 素材"中的"兵马俑-1"文件，调整大小并进行高氏模糊，参数设置为 4。

步骤 3：新建图层，选择椭圆选框工具建立圆形选区，填充从♯96814a 到♯af9e72 的径向渐变，高光在左上部，调整大小。

步骤 4：打开"素材/模块八素材/8.2 素材"中的"铜车马画"文件，拖入文件中，该图层命名为"铜车马画"，图层混合模式为"正片叠底"，透明度设置为 30%，如图 8-2-4 所示。

图 8-2-4 创建"铜车马画"图层

步骤 5：输入"秦兵马俑"，字体设置为中宋、字号为 80 点，设置投影图层样式效果；输入"世界第八大奇迹"，设置字体为幼圆、字号为 40 点；输入"门票起价 60 元"，设置字体为黑体、字号为 18 点。

步骤 6：选择矩形工具组中的相关工具绘制直线、圆角矩形、小圆等。

步骤7：打开素材"兵马俑-2"，选择磁性套索工具建立选区，再用多边形套素对选区进行编辑，之后拖入"兵马俑"文件中，进行水平翻转、调整大小和位置等操作。

最终效果如图8-2-5所示。

图8-2-5　最终效果

2.制作"丝绸之路"页面

步骤1：新建页面尺寸为778像素×254像素、RGB色、72dpi，命名为"丝绸之路"的文件。

步骤2：打开"素材/模块八素材/8.2素材"中的"沙漠驼队"文件，并拖入新建文件中，调整大小并水平翻转后，选择并复制左侧部分加长画面，按【Ctrl＋E】组合键向下合并成一层，命名"图层1"。使用仿制图章工具按钮 及其他修饰工具修饰拼接处，使其成为一体，如图8-2-6所示。

图8-2-6　拖入并编辑"沙漠驼队"图层1

步骤3：打开"素材/模块八素材/8.2素材"中的"丝路美女"文件，并拖入新建文件中，得到"图层3"，调整大小，选择椭圆选区工具拖出椭圆选区并变换选区，按【Shift＋Ctrl＋I】组合键反选，再按【Del】键，结果如图8-2-7所示。

图8-2-7　拖入并编辑"丝路美女"图层2

步骤 4：按【Alt】键的同时，用套索工具减选掉左上角的选区部分，新建"图层 3"，透明度设置为 50%，将选区填充为白色，结果如图 8-2-8 所示。

图 8-2-8　新建并编辑半透明"图层 3"

步骤 5：打开"素材/模块八素材/8.2 素材"中的"丝绸之路示意图"文件，并拖入该文件中，得到"图层 4"。该图层模式设置为"正片叠底"，再用大半径柔边橡皮擦工具擦除左边缘消除边界，以及原图上"丝绸之路示意图"色块及字样。重新用矩形绘图工具绘制"矩形 1"，填充色为#683710，复制"矩形 1"图层，并调整齐宽度，填充色为#a77347，再输入"丝绸之路示意图"字样，颜色为白色，字体为黑体，字号为 14 点。用椭圆绘图工具绘制红色圆圈，结果如图 8-2-9 所示。

图 8-2-9　拖入并编辑图层 4

步骤 6：打开"素材/模块八素材/8.2 素材"中的"丝绸-1"文件，选择丝绸并拖入文件中，形成"图层 5"，调整大小、形状、方向等，载入"图层 2"选区，可用该选区对丝绸左上方进行适当删除，放在图 8-2-12 所示位置。

步骤 7：打开"素材/模块八素材/8.2 素材"中的"丝绸-2"文件，选择丝绸上边的一些丝绸之路交易商品拖入文件中（注意放在一个图层），形成"图层 6"，如图 8-2-13 所示。

步骤 8：选择"横排文本工具"输入"西安"，字体为方正舒体，字号为 66 点，对其进行图层样式设置。"斜面和浮雕"设置选项及参数如图 8-2-10 所示。

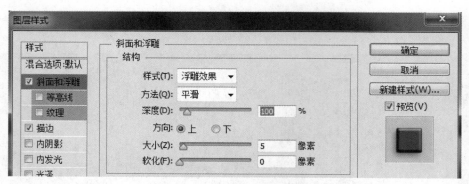

图8-2-10 设置"斜面和浮雕"效果

"描边"中描边颜色为#990505，大小为2像素；"颜色叠加"中颜色为#fc0920；"投影"参数设置如图8-2-11所示。

图8-2-11 设置"投影"效果

步骤9：选择路径工具绘制如图8-2-12所示路径。选择横排文本工具，将鼠标移到路径左端附近单击，输入"丝绸之路的起点"，使文字嵌入路径，字体为方正舒体，字号为36点，颜色为#fcd4a4。对其设置"描边"图层样式，描边颜色为#ef7c2d，外边，2个像素。最终效果如图8-2-13所示。

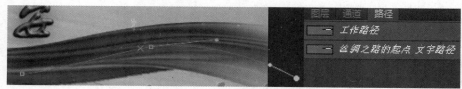

图8-2-12 绘制文字嵌入路径

图 8 - 2 - 13　最终效果

3. 制作"西安古都游"页面

步骤 1:新建页面尺寸为 778 像素×254 像素、RGB 色、72dpi,命名为"西安古都游"的文件。

步骤 2:打开"素材/模块八素材/8.2 素材"中的"明城墙"文件,并拖入新建文件中,调整大小移动到页面左侧。

步骤 3:打开"素材/模块八素材/8.2 素材"中的"大雁塔喷泉"文件,并拖入新建文件中,调整大小移动到页面右侧,如图8-2-14所示。

图 8 - 2 - 14　拖入"明城墙""大雁塔喷泉"

步骤 4:打开"素材/模块八素材/8.2 素材"中的"钟楼夜景"文件,选择椭圆选区工具,在属性样式设置羽化值为 30 像素,选择大小适当的一个选区,用移动工具将选中部分拖入新建文件中,移动到前两幅图中间接缝上方位置,如图 8 - 2 - 15 所示。

图 8 - 2 - 15　拖入羽化后的"钟楼夜景"选区

步骤 5：打开"素材/模块八素材/8.2 素材"中的"梦回大唐"文件，选择椭圆选区工具，在属性样式设置羽化值为 15 像素，选择大小适当的一个选区，用移动工具将选中部分拖入新建文件中，移动到前两幅图中间接缝下方偏右位置，用大半径柔边橡皮擦对边缘部分进行适当擦除，选择"加深工具"按钮 使人物周围颜色变暗，使其与背景图像更好地融合，效果如图 8－2－16所示。

图 8－2－16　拖入并编辑羽化后的"梦回大唐"选区

步骤 6：打开"素材/模块八素材/8.2 素材"中的"汉代侍女"文件，选择套索等选区工具，羽化值设为 2 个像素，选中三个侍女并将其拖到文件左下角，调整大小如图 8－2－19 所示。

步骤 7：打开"素材/模块八素材/8.2 素材"中的"西安古都游"艺术文字，选择套索等选区工具，选中艺术字并将其拖到文件右上角，调整大小如图 8－2－19 所示。

步骤 8：选择"横排文字工具"，输入"东方古韵 盛京天下"，字体为行楷，字号为 36 点，颜色为＃fcf686，并为添加图层样式，设置项目及参数如图 8－2－17、图 8－2－18 所示，描边颜色为＃bd4a24，其他参数为默认值。最终结果如图 8－2－19 所示。

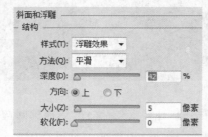
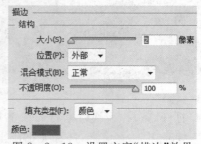

图 8－2－17　设置文字"斜面和浮雕"效果　　图 8－2－18　设置文字"描边"效果

图 8－2－19　最终效果

任务二：制作三幅页面切换动画

步骤 1：建立一个新文件夹，命名为"动画素材"，分别打开"兵马俑""西安古都游""丝绸之路"三个文件，将"兵马俑"文件中底部的三个小圆点图层复制到另外两个文件中，根据三个页面的播放顺序调整橘色圆点的位置，首先播放的橘色圆点在最前面，依次类推，之后，对三个文件分别执行拼合图像命令，存储到"动画素材"文件夹中。

步骤 2：设置 banner 动画。

（1）选择"西安古都游"为当前窗口，执行"窗口→时间轴"菜单命令，打开时间轴调板，单击"创建帧动画"按钮（如果调板上显示的是"创建视频时间轴"按钮，可单击其右侧的下拉按钮，在下拉列表中选择"创建帧动画"），在弹出的动画窗口中默认有一帧的动画，相关设置如图 8-2-20 所示。

图 8-2-20　在"时间轴"中"创建帧动画"

（2）将"兵马俑""丝绸之路"两个页面拖入当前窗口中，在图层调板中隐藏"西安古都游"和"丝绸之路"两个图层，只显示"兵马俑"图层，单击时间轴上的"复制所选帧"按钮，则增添第二帧，如图 8-2-21 所示。

图 8-2-21　增添第二帧

（3）在图层调板中隐藏"西安古都游"和"兵马俑"两个图层，只显示"丝绸之路"图层，单击时间轴上的"复制所选帧"按钮，则增添第三帧，如图 8-2-22 所示。

图 8-2-22　增添第三帧

（4）单击时间轴调板中的"播入动画"按钮，感受一下每帧播放时间的长短，如果不合适，可以根据每帧观看时间的需要调整其播放时间，调整后的情况如图 8-2-23 所示。

图 8 - 2 - 23　调整后的情况

到此为止，一个带有帧动画效果的 banner 制作完毕，将其存储为"西安旅游动画 banner（3）"。

四、项目小结

通过该项目的学习重点掌握 banner 的相关知识和制作技能。任务一设计了三个 banner 页面，为任务 2 制作 gif 动画准备素材；任务二学习如何运用 PS 软件中的时间轴功能制作简单的 gif 动画效果。具体操作有：执行"窗口→时间轴"菜单命令打开时间轴调板，单击"创建帧动画"按钮即可创建帧动画，进行帧的各种编辑和帧动画的播放。

项目三　网页背景设计

一、项目概述

1．项目描述

网页背景是决定网站视觉效果的核心要素之一，它决定网站的主题。PS 中的造型及路径绘制技术，调整图层、图层蒙版技术，常用于网页背景的制作。

本项目重点学习背景设计的相关知识和常用技巧。

2．学习目标

（1）掌握背景基本结构和背景设计技巧相关知识；

（2）掌握背景设计关键技能。

二、相关知识

网站背景的设计，有着无尽的可能。在讨论如何设计出好的背景之前，我们要首先要了解一些基本的背景方案，一般有颜色背景、图案背景、条状背景、照片背景和复合背景。

1．背景基本结构

（1）主背景。

主背景是最为底层的背景，经常是图片、图案、材质或者其他图形元素。如图 8 - 3 - 1 中的底层图片背景和图 8 - 3 - 2 中的放射图形背景都是主背景。

（2）内容背景。

网页结构中的另一层是内容背景。它是文本、图案以及其他基本数据或信息的背景，如图 8 - 3 - 1 中的文字和图片所在的半透明或白色实底背景，图 8 - 3 - 2 中的文字和图片下面的白色实底背景。

设计网页时要处理好主背景、内容背景及其二者的层次关系。图 8 - 3 - 1 主背景是一张大的图片，内容的容器在背景的最顶层。内容核心部分采用实心背景，而内容头部则是半透明背景。

图 8-3-1　图片作为主背景案例

图 8-3-2　放射图形作为主背景案例

（3）头部背景。

网站中还有一个需要精心设计背景的地方，即头部背景。如图 8-3-3 所示，页面导航栏上方的背景为头部背景。图案、图片、材质以及颜色都适用于头部背景设计，也可通过一些简单的方法使得网站富有生机，同时不会对整体效果造成影响。

图 8-3-3 展示了一个头部背景与内容之间通过流畅分割过渡的良好例子。头部与内容背景色调上渐变过渡，内容部分的图片采用了淡出的效果，避免了从形状直接跳转到图片上。

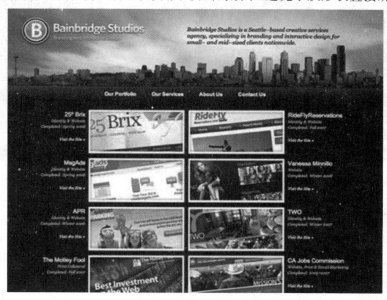

图 8-3-3　头部与内容之间过渡良好的案例

2.背景设计技巧

背景设计技巧在网页设计中运用比较普遍，但如果运用不当，很容易影响到网页设计效果。下边给出了一些技巧，以便帮助大家解决背景设计中的各种问题，提高视觉体验。

（1）找到对比度的平衡点，不要影响到内容。

设计时需注意主背景的对比度与图形元素的数量。主背景不能过于繁杂，也不能过于显眼，否则会使用户对核心内容的注意力偏移。

使用图片作背景是一种很好的办法,但是当图片比内容及内容背景更醒目的时候就会出现问题。用户的眼球将会被背景吸引,显然会引起可读性问题。这里再次分析图8-3-1案例,如果你仔细看,你会注意到图片的色彩并不丰富,因为作背景时需要它不那么显眼。

(2)可使用高亮或斜角来分割颜色。

当背景颜色转换的时候,使用细微的高光线条。高亮主要运用在高对比度的情况下,采用一条1像素的线条作为过渡。可通过高亮来分割背景或元素中的不同颜色,在向网站中添加维度的时候,也可以采用这种简洁明快的布局。

(3)增加维度。

还有一种能够吸引用户眼球的方法便是通过光照与图案来增加维度。维度可以提高视觉体验,并且展示真正的技巧。

图8-3-4采用3D光照效果的网站看起来很漂亮,维度在背景与元素中的出色运用,显然能够留下一个良好的印象,并让网站深入人心。

(4)整体图片。

使用固定的图片与内容背景时,须找到一种巧妙的方法,将图片引入布局中。图8-3-5所示例子来自Nike。

图8-3-4　背景中增加维度案例　　　　　图8-3-5　整体图片案例

(5)运用少量虚光效果。

运用虚光效果是又一个很好的技巧。它有助于将焦点集中到中心,用于大幅面的图片背景时尤为有效。但要注意虚光效果量不宜多,采用些许的虚光效果作网站背景,更能引起人们的注意。如图8-3-6所示案例,虚光效果将高光推到内容上,同时也增强了图片自身的效果。

(6)使用半透明内容背景。

在层状结构中风格化内容包装背景的技巧是采用透明。透明可以在将背景与文字分割的同时,获得一定的背景可见性。要注意的是文字颜色与背景颜色的对比度要合适,并且背景不要太过透明。

图8-3-7所示的网站中在半透明背景这点上找到了良好的平衡点。主背景的图片可以清晰地看到,同时也提高了文字的可读性。

图 8-3-6　运用少量虚光效果的背景

图 8-3-7　使用半透明内容背景

（7）风格化包装/模块的边框。

如果风格化包装背景的主体，有可能会占据太多的内容空间。但是内容模块可以通过风格化包装的边界，既保证其与主背景材质等方面的一致性，也能使其跳出主背景。图 8-3-8 所示的网站采用了良好的材质与图案作为主背景和内容背景，内容元素使用了风格化的边缘。

图 8-3-8　风格化模块的边框

（8）无缝的拼接或重复背景。

制作背景最简单的办法就是使用重复，这样可以不需要大幅面的图片。但是在创建重复背景的时候，需要注意一些问题。

①要获得良好的背景，需要使用大图片来重复。

②完美的对齐边缘，比任何事情都重要。图片链接的区域的颜色必须一致，图片（或形状）的左边缘和右边缘连接必须对应，如果使用了，它们也必须完美地连接。

③除去重复后连接处较明显的原图痕迹。使用重复图片作背景时，如果原图的痕迹在重复后的图片上较显眼，就应该使用一些图片修饰工具（如仿制图章）除掉它，让背景看起来流畅

没有间断,像一张图片一样。另外,还可以运用一个技巧,就是把某个元素放到背景区域中来掩盖图片重复痕迹。

三、项目实施

任务一:无缝的拼接或重复背景

步骤1:新建文件,尺寸为1024像素×768像素,分辨率为72dpi。打开"素材/模块八素材/8.3素材"中的"高山松树",将其拖入新建文件中,生成"图层1",结果如图8-3-9所示。

图8-3-9 拖入"高山松树"素材

步骤2:设"图层1"为当前图层并选择图8-3-10所示区域,复制并粘贴生成"图层2",移动位置,如图8-3-11所示。

图8-3-10 建立要复制区域的选区

图8-3-11 复制并粘贴生成"图层2"

步骤 3：拖横竖两根辅助线，确定"图层 1"上右边缘树叶左下角的位置，按【Ctrl】键的同时按移动键【←】或【↑】移动"图层 2"，将其对应的树叶移到两辅助线交点位置（即"图层 1"上树叶所在位置），清除辅助线，结果如图 8-3-12 所示。

图 8-3-12　调整"图层 2"的位置

步骤 4：仔细查看会发现，接缝处上半部分有拼接的痕迹需要修饰。将"图层 2"向下合并，选择仿制图章工具按钮 ，对拼接处的痕迹进行修饰，结果如图 8-3-13 所示。

图 8-3-13　向下合并"图层 2"并修饰拼接的痕迹

步骤 5：淡化处理背景。新建"图层 2"，填充为白色，将其透明度设置为 50%，结果如图 8-3-14 所示。

图 8 - 3 - 14   淡化处理后的背景

任务二：制作运用少量虚光效果的整体背景

步骤 1：打开"素材/模块八素材/8.3 素材"文件夹中的"兰色秀球花"，并建立如图8 - 3 - 15
所示的椭圆选区，设置羽化值为 50 像素。

图 8 - 3 - 15   建立椭圆羽化选区

步骤 2：选择图层面板下方"创建新的填充或调整图层"按钮，建立"亮度/对比度"的调节
图层，"亮度"参数设置为 150，效果如图 8 - 3 - 16 所示，取消选区。

图 8 - 3 - 16 调节"亮度/对比度"

步骤 3：打开"素材/模块八素材/8.3 素材"文件夹中的"婚纱"素材，将其拖入文件中并调整大小和位置，结果如图 8 - 3 - 17 所示。

图 8 - 3 - 17 拖入"婚纱"素材

四、项目小结

通过该项目的学习重点掌握了网页背景设计的相关知识和制作技能。任务一中运用了无缝拼接的相关技巧来制作大幅面背景，如仿制图章工具的使用、背景的淡化处理等，另外，重复背景也是常用的技巧。任务二运用少量虚光效果制作整体背景，通过在背景的局部建立选区并设置较大羽化值，适当调整选区的亮度使局部变亮，从而对主题对象产生较好的衬托效果。

项目四 设计网页导航条按钮

一、项目概述

1. 项目描述

网页导航栏设计是网页设计的重要组成部分。本项目通过两个任务分别学习导航栏按钮设计和导航栏设计的方法。

设计制作导航栏需要两个软件：第一个是 Photoshop，利用其造型工具、文字、图层及图层样式等功能制作基本的按钮图片，包括每个按钮的两张图片（原始图像和鼠标经过图像）和图片上的文字；第二个软件是 Dreamweaver，将图片做成导航栏。

2. 学习目标

(1)能综合运用相关技术制作按钮；

(2)掌握导航条相关知识和制作技能。

二、相关知识

导航栏类似一个网站的向导，浏览者可以通过导航栏纵观整个网站的概况，并指引其快速到想要浏览的页面。

为了让网站信息可以有效地传递给用户，导航一定要简洁、直观、明确。

三、项目实施

任务一：设计按钮

步骤 1：在 Photoshop CS6 中新建一个文件，参数设置如图 8-4-1 所示。

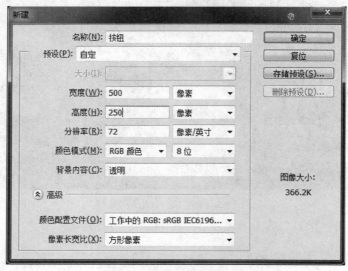

图 8-4-1 新建文件

步骤2:选择工具箱中的"圆角矩形",参数如图8-4-2工具属性栏所示,半径为25像素,填充颜色为#2ef049,绘制一个浅绿色圆角矩形,得到"圆角矩形1"图层,结果如图8-4-3所示。

图8-4-2 "圆角矩形"工具属性栏参数设置

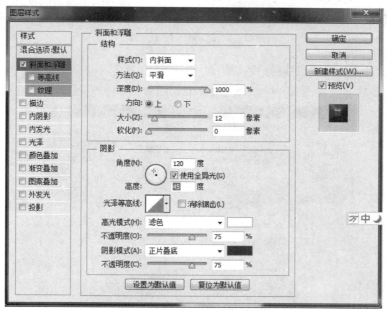

图8-4-3 绘制浅绿色圆角矩形

步骤3:展开图层面板下方"添加图层样式"按钮 *fx.*,在列表中选择"斜面和浮雕",阴影颜色为#115b00,其他参数设置如图8-4-4所示,效果如图8-4-5所示。

图8-4-4 设置"斜面和浮雕"

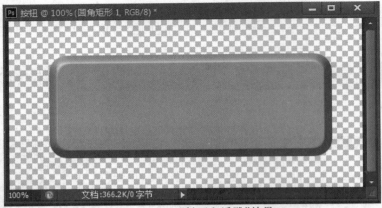

图 8-4-5　"斜面和浮雕"效果

步骤 4：输入按钮上的文本字符，字体为"Eras Bold ITC"，字号为 60 点，颜色为白色，其他参数设置及效果如图 8-4-6 所示。

图 8-4-6　输入按钮文本

步骤 5：给文本填加下列图层样式。

①内阴影：参数设置如图 8-4-7 所示，效果如图 8-4-8 所示。

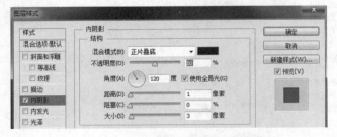

图 8-4-7　设置"内阴影"图层样式

图 8-4-8　"内阴影"效果

②光泽:参数设置如图 8-4-9 所示,效果如图 8-4-10 所示。

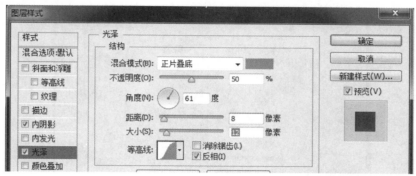

图 8-4-9 设置"光泽"图层样式

图 8-4-10 设置"光泽"后的效果

③渐变叠加:渐变色为由♯de7724 到白色,其他参数设置如图 8-4-11 所示,效果如图 8-4-12所示。

图 8-4-11 设置"渐变叠加"图层样式

图 8-4-12 添加"渐变叠加"后的效果

④投影:参数设置如图 8-4-13 所示,最终效果如图 8-4-14 所示。

图 8-4-13 设置"投影"图层样式

图 8-4-14 最终效果

任务二:设计网页导航条

网页导航条设计是网页设计的重要组成部分,本次介绍如图 8-4-15 所示的网页导航条制作过程。

图 8-4-15 导航条

步骤 1:在 Photoshop CS6 中新建一个文件,参数设置如图 8-4-16 所示,然后单击"确定"。

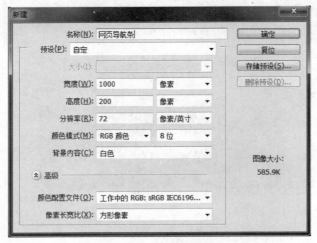

图 8-4-16 新建文件

步骤 2:选择工具箱中的"圆角矩形",参数如图 8-4-17 工具属性栏所示,半径为 10 像素,填充颜色为#89e23a,绘制一个浅绿色圆角矩形,得到"圆角矩形 1"图层,结果如图 8-4-18 所示。

图 8-4-17 "圆角矩形"工具属性栏参数设置

图 8-4-18 绘制浅绿色圆角矩形

步骤 3:继续使用"圆角矩形"工具再绘制一个较小的圆角矩形,参数设置如图 8-4-19 工具属性栏所示,半径为 10 像素,填充颜色为#dbeebb,得到"圆角矩形 2"图层,选择图层面板下方"添加图层样式"按钮 ,在列表中选择"投影",设置合适的参数,点击"确定",效果如图 8-4-20 所示。

图 8-4-19 "圆角矩形"工具属性栏

图 8-4-20 "圆角矩形 2"图层

步骤 4:绘制小圆角矩形,半径为 10 像素,颜色为#2ef049,得到"圆角矩形 3"图层,效果如图 8-4-21 所示。

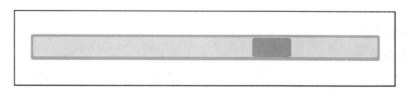

图 8-4-21 绘制"圆角矩形 3"图形

步骤5：添加文字。选择"横排文字"按钮，然后设置英文字体为"Cooper Std"，大小为20点，颜色为黑色，输入英文内容"Home，Company，News，Packages，Contacts，Guestbook，About"，最终结果如图8-4-15所示。

另外，还可以加按钮间的分隔线。

四、项目小结

本项目主要练习导航按钮、导航条的设计和制作技能。任务一中运用了图层样式来设计导航按钮效果，另外，通过执行"窗口"→"样式"可打开样式调板，可快速制作出很漂亮的按钮。任务二主要运用"圆角矩形工具"制作导航条及导航按钮，同时，可选择"直线工具"制作导航按钮分隔线。要得到较好的设计效果，填充色、描边及圆角等参数设置是关键。

项目五　网页效果图设计与制作

一、项目概述

1. 项目描述

本项目的任务一综合运用图形图像处理相关知识和 Photoshop 中的文本编辑技术、对象编辑技术、通道抠图技术等，以及网站版面设计的相关知识，进行 BOWVALLEY 服装公司网站版面风格设计与制作，要求网站版面的设计符合企业的整体属性，表现企业精神风貌，淋漓尽致地展示产品。

本项目的任务二是西安职业技术学院的网站首页效果图设计，要求网页版面内容完整，为项目六网页图像切割准备素材。

2. 学习目标

(1)能综合运用所学知识完成网页效果图的设计；

(2)掌握网站版面设计的方法，进一步掌握图像通道抠图的方法和技巧；

(3)进一步提高图形图像处理的技能。

二、相关知识

1. 版面设计的概念

版面设计，就是在版面上将多种视觉元素进行有机的排列组合，即将所有组成元素在版面上进行计划和安排。优秀的版面设计，都表现出其各构成因素间和谐的比例关系，达到视觉上的均衡效果。版面设计是将理性思维个性化地表现出来，传达某种特定的信息，同时，产生感官上的美感。因此版面设计也是一种具有个人风格和艺术特色的视觉传送方式。版面设计的应用范围，涉及报纸、刊物、书籍(画册)、产品样本、挂历、招贴画、唱片封套和网站设计、多媒体设计等各个设计与制作领域。

2. 版面设计的原则

(1)主题鲜明突出。

版面设计的最终目的是使版面有清晰的、明了的条理性，用悦目的组织来更好地突出主题，达到最佳的表现效果。

(2)形式与内容统一。

版面设计的前提是版面所追求的完美形式必须符合主题的思想内容。通过完美、新颖的形式,来表达主题。

(3)强化整体布局。

强化整体布局是将版面的各种编排要素在编排结构及色彩上作整体设计。加强整体的结构组织和方向视觉秩序,如水平结构、垂直结构、斜向结构、曲线结构;加强文案的集合性。将文案中的多种信息合成块状,使版面具有条理性。

三、项目实施

任务一:BOWVALLEY 服装公司宣传网站版面设计与制作

基本要求:文件尺寸为 1024 像素×768 像素,分辨率为 72 像素/英寸,色彩模式为 RGB,完成后的效果如图 8-5-1 所示。

图 8-5-1　企业网页版面

操作步骤如下:

步骤 1:启动 Photoshop,单击工具箱中的"默认前景色和背景色"工具,设置前景色为白色,背景色为黑色。

步骤 2:执行【Ctrl＋N】组合键命令新建一个文件,命名为"网站版面设计与制作",文件大小为 1024 像素×768 像素,分辨率为 72 像素/英寸,色彩模式为 RGB,"背景内容"选项为背景色。设置如图 8-5-2 所示。

步骤 3:执行"编辑→首选项→单位和标尺"命令,在"首选项"对话框的"单位和标尺"页面中设置标尺的单位为"像素";在"首选项"对话框的左侧选择"参考线、网格和切片"选项,在"参考线、网格和切片"页面的"网格"选框中选择"颜色"为浅灰色,"样式"为网点,"网格线间隔"为64 像素,"子网格"的个数为 4 个,所有设置如图 8-5-3 所示。

执行"视图→标尺"命令,在文件中显示标尺,执行"视图→显示→网格"命令及"参考线",按图 8-5-4 所示拖放参考线。

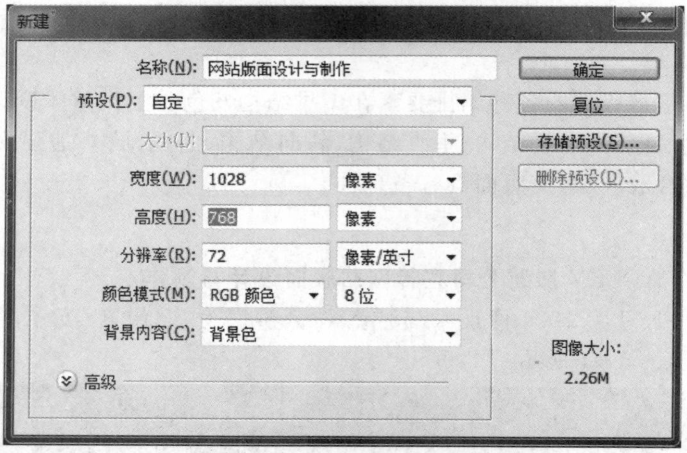

图 8-5-2　创建新文件

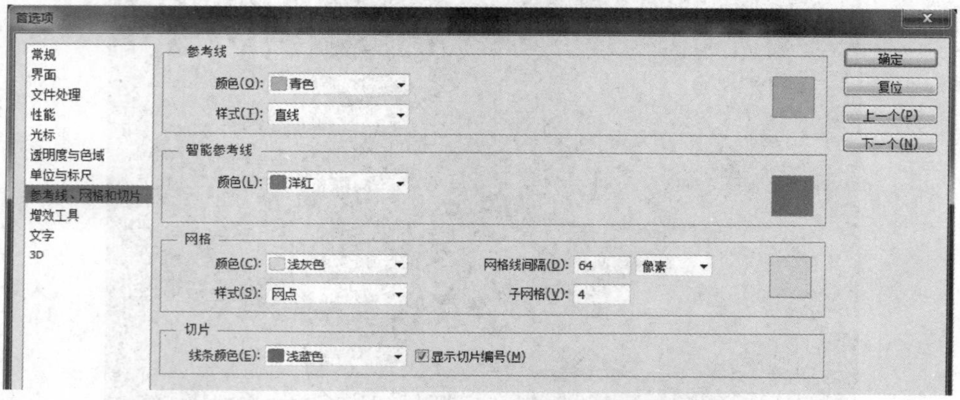

图 8-5-3　首选项中单位及网格设置

　　步骤 4：新建"图层 1"，设置前景色为♯666666，使用工具箱中的矩形选框工具沿着参考线分别在文件的上部和底部建立两个选区，并执行【Alt＋Delete】命令用前景色填充选区，设置羽化值为 0，然后取消选择，结果如图 8-5-5 所示。

图 8-5-4　显示网格线、参考线等

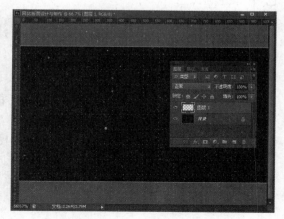

图 8-5-5　版面分割设计

步骤5：执行"打开"命令，从本项目素材文件夹中打开"sucai2.psd"文件，如图8-5-6所示，运用工具箱中的移动工具把"sucai2.psd"文件中的图案移到网站版面设计与编排文件中，并对图案的大小和位置进行适当的调整；在图层面板设置图案所在的图层填充值为50%，效果如图8-5-7所示。

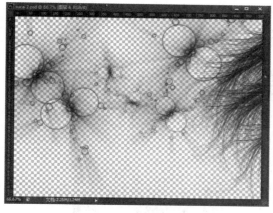

图8-5-6 版面背景图案设计

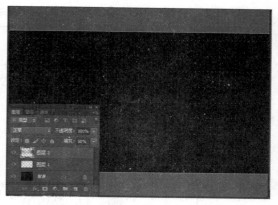

图8-5-7 拖入sucai2.psd文件

步骤6：打开"素材/模块八素材/8.5素材"中的"sucai1.jpg"文件，在图层面板双击背景图层，把素材文件的背景图层转化为普通图层"图层0"，执行"编辑→变换→水平翻转"命令翻转图像，如图8-5-8所示。

步骤7：从工具面板中选择钢笔工具，在工具属性栏的"形状图层""路径""填充像素"3个选项中选择"路径"。按如图8-5-9所示沿着人物图像的边缘绘制路径，其中头发边缘预留一定的宽度。

图8-5-8 翻转后的图像

图8-5-9 选择对象

步骤8：在路径面板底部单击"将路径作为选区载入"按钮 🔲，把路径转化为选区。然后，在图层面板中复制"图层0"，形成"图层0副本"图层。暂时关闭"图层0"，选择"图层0副本"，在图层面板底部单击"添加图层蒙版"按钮 🔲，为"图层0副本"添加蒙版，图像效果如图8-5-10所示。

步骤9：执行【Crtl＋D】命令取消选择状态。选择并显示"图层0"使其为当前工作图层。单击通道面板，将红色通道拖到通道面板底部的"创建新通道"按钮上，复制红色通道为"红副本"，如图8-5-11所示。

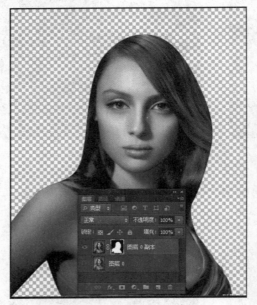

图8-5-10　添加蒙版后的图像　　　　图8-5-11　复制红色通道

步骤10：选择"红副本"通道为当前工作通道，执行"图像→调整→色阶"命令。输入色阶分别设置为50、0.29、138，如图8-5-12所示，图像效果如图8-5-13所示。

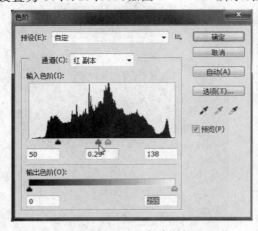

图8-5-12　色阶调整　　　　　　　　图8-5-13　色阶调整结果

步骤11：选择画笔工具，操作过程中根据需要调整画笔大小。将图像中头发以外的部分用白色填充，头发大部分（靠脸）用黑色填充，头发边缘部分在保持原灰度基础上调深，结果如

图 8-5-14 所示。

步骤 12:执行"图像→调整→反相"命令,然后,单击通道面板底部的"将通道作为选区载入"按钮,把通道转化为选区,效果如图 8-5-15 所示。

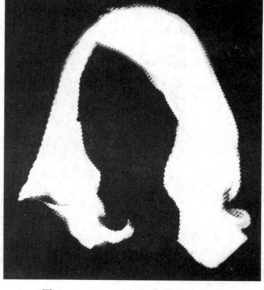

图 8-5-14　用画笔编辑头发通道　　　　　　　图 8-5-15　反相操作并载入选区

步骤 13:保留选区,在通道面板中单击 RGB 通道回到图层面板,确定当前工作图层为"图层 0",单击图层面板底部的"添加图层蒙版"按钮,"图层 0"蒙版如图 8-5-16 所示。执行【Crtl+E】命令向下层合并图层,完成人物图像的选择,如图 8-5-17 所示。

图 8-5-16　图层蒙版　　　　　　　图 8-5-17　通道抠图结果

步骤 14：选择"网站版面设计与制作"文件为当前工作文件，用移动工具将抠出的人物图像移到文件中，并进行适当的大小位置调整，隐藏网格线，效果如图 8-5-18 所示。

图 8-5-18　应用抠出的图像

步骤 15：在人物头像所在图层的上方建立"图层 4"，设置前景色为黑色。从工具箱中选择渐变工具，设置渐变为从前景色到透明的对称渐变，分别从"图层 4"中间部位、右拉渐变填充，再将"图层 1"置于"图层 4"之上，效果如图 8-5-19 所示。

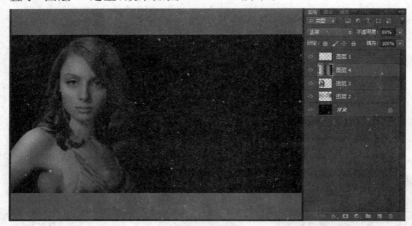

图 8-5-19　通过渐变融合图像

步骤 16：运用工具箱中的文字工具，在文件中单击分别输入两个单行文本"CHANGE"和"GIVEN"，字体为"Arial bold"，颜色为白色，字号大小分别为 57 点和 77 点，编辑为两个单行文本，调整到合适的位置，效果如图 8-5-20 所示。

继续输入文字并进行文字编排，字体为"Arial Regular"，文字颜色为白色，字号大小为 16

点,设置行距为 24 点。分别设置适当的段落对齐方式,单击图层面板下方的"文件组"按钮 ,生成"组 1",更名为"文字内容",将内容部分的所有文字图层拖入"文字内容"组中,结果如图 8-5-20 所示。

图 8-5-20 输入文本

步骤 17:新建图层,更名为"线条、色条",前景色设置为浅灰色(♯999999),分别选择"矩形绘图工具"组中的"直线工具"和"圆角矩形工具",单击属性栏上的绘图方式下拉按钮 形状 选择"像素",绘制灰色线条及色条。再把前景色设置为红色(♯990000),绘制红色色条,结果如图 8-5-21 所示。

步骤 18:用文字工具输入导航文字,文字颜色为♯cccccc,字体为"Arial Regular",大小为 18 点。在图层中创建图层组,把导航文字放在同一个组中,文字排列要求水平中心对齐,间隔均匀,再输入"The",颜色为♯990000,大小为 20 点,输入"BOWVALLEY"和"CLUB",大小为 20 点和 14 点,颜色为白色,创建新组,命名为"导航文字",将相关文字拖入该组,位置及效果如图 8-5-21 所示。

图 8-5-21 色条、导航栏制作

步骤19：根据上面练习的方法制作版面的下面部分。首先用文字工具建立图8-5-22所示段落文本，并调整到合适的大小和位置；其次打开素材文件"sucai3.jpg"，用移动工具和【Ctrl＋T】组合键命令对图片进行编辑操作；再次把素材文件"sucai4.jpg""sucai5.jpg""sucai6.jpg"三个文件导入页面中，用移动工具和【Ctrl＋T】组合键工具对图片进行编辑操作，要求大小一致，排列整齐均匀，新建组，命名为"页面底部"，将相关图层拖入其中；最后对整个版面作简单的修饰，完成版面设计与制作工作，最终效果如图8-5-23所示。

Finsbuy ia Chian's onlyconvience multipuers; a group-buying platform in English that you experience the best of your city with unbellevable deals.

图 8-5-22　文本内容

图 8-5-23　最终效果

任务二：西安职业技术学院官网首页

步骤1：新建一个文件，文件设置参数如图8-5-24所示。

步骤2：在"编辑→首选项"中设置标尺单位为"像素"，按【Ctrl＋R】组合键显示标尺，按如图8-5-25所示的参考线分割画布。

图 8-5-24 新建文件

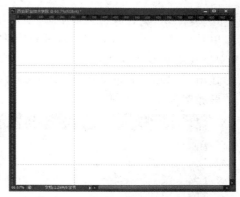

图 8-5-25 设置参考线

步骤 3:运用"素材/模块八素材/8.5 素材/西安职业技术学院首页素材"文件夹的相关素材,制作 1000 像素×220 像素的学院 banner,存储名为"banner(西职院)",效果如图 8-5-26 所示。

步骤 4:将"banner(西职院)"合并图层并拖入文件中,结果如图 8-5-26 所示。

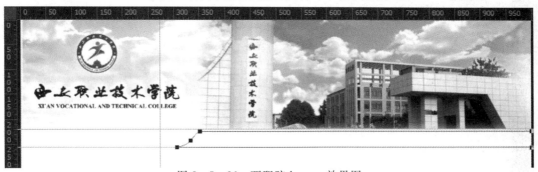

图 8-5-26 西职院 banner 效果图

步骤 5:用钢笔工绘制如图 8-5-26 所示路径,将路径转换为选区,新建图层命名为"导航栏",设置前景色为♯d2632c,背景色为♯a73a02,用线性渐变填充选区,结果如图 8-5-27 所示。

步骤 6:新建图层,绘制高度为 2 像素、宽度为 1000 像素的选区,填充颜色♯d6834c,位置放于导航条色块下方,按【Ctrl+E】组合键向下合并图层,结果如图 8-5-27 所示。

图 8-5-27 绘制导航栏

步骤 7:输入导航文字"学院概况 机构设置 招生信息 就业信息 教育教学 科研信息 学生工作 团委在线 信息公开",设置字体为细黑,字号为 14 点,颜色为白色。复制"导航栏"图层,并旋转 180 度后放置页面下方,重新填充从♯d2632c 到♯a73a02 的渐变色,输入文字"尔雅通识教育 校园风光 图书馆 教务系统 精品课程 资助系统 心理测评与咨询系统",以及版权文字"版权所有©西安职业技术学院 | 地址:陕西省西安市雁塔区鱼斗路 251 号 | 邮编:710077 | 邮箱:webmaster@xzyedu.com.cn,陕 ICP 备 09009173 号 | 西安网监备案号 XA10051S",结果如图 8-5-28 所示。

图 8-5-28 添加导航栏内容及版权

步骤 8:制作动画。利用"动画素材"文件夹的图片,参照项目二中的动画制作方法制作动画,绘制"矩形 1"作为动画图片的边框,创建"动画图片"图层组,将动画素材图片拖入其中。结果如图 8-5-29 所示。

图 8-5-29 制作动画

步骤 9:输入图 8-5-30 动画右边所示的文字内容,提示标题文字颜色为♯ff6400,字号为 13 点,字体为华文黑体,其他文字颜色为黑色。绘制颜色为♯707070、粗细为 1 像素的灰色实心分隔线,颜色为♯ff6400 的橘色分隔线以及颜色为♯c8c8c8 的错位虚线 ▪▪▪▪▫,结果如图 8-5-30 所示。

图 8-5-30　添加内容

步骤10：制作"热点图文"。标题色为＃fdb68a，打开"热点图文"素材，并创建制作"热点图文"gif 动画文件效果图。结果如图 8-5-31 所示。

步骤11：制作"学院概况"和"系部快速导航"栏目，效果如图 8-5-31 所示。最终结果如图 8-5-32 所示。

图 8-5-31　制作"热点图文"

图 8 - 5 - 32　最终效果

四、项目小结

该项目主要学习网页版面设计相关知识和制作技能。任务一中借助参考线设置规划版面布局,运用通道抠图、图层蒙版等技巧得到较理想的图像融合效果,另外,还需注意版面的色调调和。任务二主要练习网站主页的效果设计,其中很多元素需提前设计好,如学院 logo、banner 等,该任务主要练习版面的整体布局设计、导航栏的制作和内容的编辑等。

项目六　网页图形图像的优化与输出

一、项目概述

1. 项目描述

前面我们主要学习了网页组件及网页整体的设计问题,当我们设计的图像非常大时,网络中传输的速度会非常慢,这就要求我们在网页创建和利用网络传送图像时,在保证一定质量、显示效果的同时尽可能降低图像文件的大小。解决这个问题的有效方法就是把图片合理分割,让图片上传的时候可以一片一片地加载,直到整个图像出现在屏幕上。

本项目将学习如何使用切片工具进行图像的分割,以及使用 Photoshop 的 Web 工具按照预设或自定格式输出单个图形或完整网页,以便保证网页图像的传输速度和质量。

2. 学习目标

(1)掌握图像切片的原理和操作方法;

(2)掌握图像的优化设置选项和输出方法。

二、相关知识

1.切片工具

Photoshop的切片工具对于网站美工和淘宝美工都非常重要。网页设计中,切图输出是指设计师将手边绘制完成的原始图稿转换成网页用的图片格式,并交由下一位人员进行网页排版的重要步骤。选择适合的图片格式不但可以让设计得到合理的显示效果,甚至还可以有效地控制图片的大小,节省下载时间,有效减少服务器的负担。

(1)切片的使用原理。

使用Photoshop中的切片工具把图像切成若干个小图,这些小图片将被作为一个个单独的文件保存,还可以进行优化保存为Web所用格式。

此外,Photoshop生成HTML和CSS以使用来显示切片图像。在网页中使用时,图像通过使用HTML或CSS在浏览器中重新组合以便达到一个平滑流畅的效果。

(2)切片的基础知识。

①创建切片。

创建切片是将整体图片分成若干小图片,每个小图片都可以被重新优化。创建切片的方法非常简单,选择如图8-6-1所示裁剪工具组中的 **切片工具** 按钮,在打开的图像中按照颜色或图案分布使用鼠标在其上面拖动即可创建切片,或者右击图片任意处,在菜单中选择"划分切片",在弹出的对话框中选择相关选项并输入合理的参数即可,可参看本项目任务一。

②编辑切片。

使用图8-6-1裁剪工具组中的 **切片选择工具** 按钮选择某一切片双击,打开如图8-6-2所示的"切片选项"对话框。对话框里有许多设置,具体如下。

图8-6-1 裁剪工具组   图8-6-2 "切片选项"对话框

- 切片名称:打开网页之后显示的名称;
- URL:点击这个被编辑的图片区域后,会跳到输入的目标网址内;
- 目标:指定载入的URL帧原窗口打开,表示是在原窗口还是在新窗口打开链接;
- 信息文本:鼠标移动到这个块上时,浏览器左下角显示的内容;
- Alt标记:图片的属性标记,鼠标移动到这个块上时,鼠标旁边将显示的文本信息;
- 切片的尺寸:设置块的X、Y轴坐标及W、H的精确大小。

2.优化输出图像

对网页图片分割编辑布局满意后，选择"文件→存储为 Web 所用格式"命令，弹出如图 8-6-3所示的对话框。针对每个切片可在该对话框中进行如下设置。

图 8-6-3 "存储为 Web 所用格式"对话框

（1）设置优化格式。

处理用于网络上传输的图像格式时，既要多保留原有图像的色彩质量又要使其尽量少占用空间，这时就要对图像进行不同格式的优化设置。要在"优化设置区域"中的右侧"设置优化格式"下拉列表中选择相应的格式，针对不同切片可分别优化为 GIF、JPG 和 PNG 格式，再对其进行颜色和损耗等设置。

当前常见的 Web 图像格式有 JPG 格式、GIF 格式、PNG 格式三种。JPG 与 GIF 格式大家已司空见惯，而 PNG 格式则是一种新兴的 Web 图像格式，以 PNG 格式保存的图像一般都很大，甚至比 BMP 格式还大一些，这对于 Web 图像来说无疑是致命的杀手，因此很少被使用。对于连续色调的图像最好使用 JPG 格式进行压缩；而对于不连续色调的图像最好使用 GIF 格式进行压缩，以使图像质量和图像大小有一个最佳的平衡点。

（2）应用颜色表。

如果将图像优化为 GIF 格式、PNG-8 格式和 WBMP 格式时，可以通过"储存为 Web 和设备所用格式"对话框中的"颜色表"部分对颜色进行进一步设置，如图 8-6-4 所示。

其中的各项含义如下：

· 颜色总数：显示"颜色表"调板中颜色的总和。

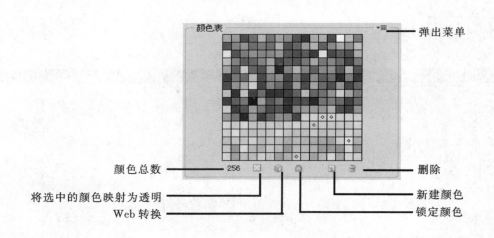

图 8-6-4 "颜色表"

• 将选中的颜色映射为透明：在"颜色表"调板中选择相应的颜色后，单击该按钮，可以将当前优化图像中的选取颜色转换成透明。

• Web 转换：可以将在"颜色表"调板中选取的颜色转换成 Web 安全色。

• 锁定颜色：可以将在"颜色表"调板中选取的颜色锁定，被锁定的颜色样本在右下角会出现一个被锁定的方块图标。

• 新建颜色：单击该按钮可以将（吸管工具）吸取的颜色添加到"颜色表"调板中，新建的颜色样本会自动处于锁定状态。

• 删除：在"颜色表"调板中选择颜色样本后，单击此按钮可以将选取的颜色样本删除，或者直接拖曳到删除按钮上将其删除。

（3）图像大小。

还可以通过"储存为 Web 和设备所用格式"对话框中的"图像大小"部分对优化的图像进一步设置输出大小。

（4）保存网页。

完成设置后，单击存储按钮。这时会弹出一个存储优化结果的对话框，底部的对话框是几个重要的设置。

• 格式：有三个选择，分别是 HTML 和图像、仅限图像和仅限 HTML。

• 设置：可选择自定、背景图像、默认设置、XHTML 和其他。

• 切片：所有切片、所有用户切片和选中切片。

一般使用选择 HTML 和图像（一般都这么保存）、默认设置和所有切片。完成设置后，选择要保存文件的文件夹，并单击"保存"按钮。这时会创建一个 HTML 文件和一个包含若干个图像文件，它们在同一个大文件夹中。

三、项目实施

任务一:单幅图片切片

步骤1:打开"素材/模块八素材/8.6素材/切片素材"中的"风景原图",如图 8 - 6 - 5 所示。

图 8 - 6 - 5 风景原图

步骤2:根据需要切割图片。长按"裁剪工具"按钮 ![裁剪工具], 展开工具组,选择 ![切片工具]切片工具 按钮,移动切片工具到图片任意处右击,在快捷菜单中选择"划分切片",打开"划分切片"对话框,根据需要可选择"水平划分为"复选框,并输入合适的数值(如 2),再选择"垂直划分为"复选框,输入合适的数值(如 5),如图 8 - 6 - 6 所示,按"确定"后如图 8 - 6 - 7 所示,生成了 10 个切片。

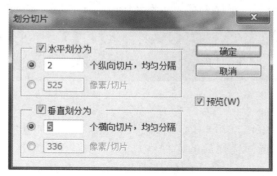

图 8 - 6 - 6 "划分切片"对话框

图8-6-7 "划分切片"结果

步骤3：调整切片大小和数量。在该工具组中选择 切片选择工具 按钮，按【Shift】键的同时选择"01"切片和"02"切片，右击任意处，在菜单中选择"组合切片"，则二者合而为一，命名为"01"。同理，可根据需要针对其他切片进行合并、删除、调整切片大小等操作，结果如图8-6-8所示。

图8-6-8 切片编辑结果

步骤4：切片文件的优化输出。选择"文件→储存为Web所用格式"命令，在弹出如图8-6-9所示的对话框中选择优化后的文件格式为"JPEG"等选项后，点击"储存"，选择文件存储格式为"HTML和图像"，以及合适的储存位置后确定，会自动生成切片文件夹"image"和网页文件"图像原图"，如图8-6-10所示。打开"image"文件夹，其中有五个切片文件，如图8-6-10b所示。

图 8 - 6 - 9　切片文件的优化输出

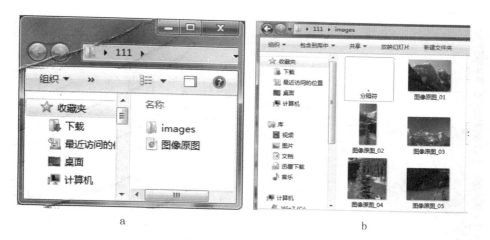

　　　　　　　a　　　　　　　　　　　　　　　　　b

图 8 - 6 - 10　输出结果

　　步骤 5：双击网页文件"图像原图"，则可以看到五个切片又被整合成一幅完整的网页风景图片，如图 8 - 6 - 11 所示，且打开速度很快。

图 8-6-11　打开的网页

任务二:网站首页效果图切片

对图 8-6-12 西安职业技术学院的首页效果图进行切片,并编辑切片信息,最后优化输为"HTML 和图片"。

图 8-6-12　西安职业技术学院的首页效果图

操作步骤如下:

步骤 1:打开本模块项目五中所创建的西安职业技术学院的首页效果图,根据切片需要拖出辅助线,并移动到合适的位置,如图 8-6-13 所示。

图 8-6-13　拖出切片需要的辅助线

步骤 2:基于参考线进行切片。选择切片工具,在图 8-6-14 所示的属性栏上单击"基于参考线的切片"按钮,结果如图 8-6-15 所示。

图 8-6-14　"切片工具"属性栏选项

图 8-6-15 "基于参考线的切片"结果

步骤 3：合并部分切片，调整切片数量和大小。选择"切片选择工具"，分别合并上、下导航栏上的切片以及版权区的切片，调整其他部位的切片大小，选择"视图→清除参考线"命令，结果如图 8-6-16 所示。

图 8-6-16 调整切片

步骤 4：划分导航条等其他部分的切片。右击 banner 下方的导航条，在菜单中选择"划分切片"，在对话框中选择"垂直划分为"复选框，输入合适的数值（如 9），再调切每个切片的宽窄以适应每个项目的文字宽度需要，结果如图 8-6-17 所示，同理可划分其他部分。

图 8-6-17 导航条切片结果

步骤5：编辑切片信息。右击"科研信息"所在的切片，选择"编辑切片选项"，弹出相应的对话框，在对话框中编辑切片信息。如在 URL 选项中输入"科研信息"对应的网址"http://www.xzyedu.com.cn/news/kyxx/"，如图 8-6-18 所示，同理可编辑其他切片的信息。

步骤6：切片文件的优化输出。选择"文件→储存为 Web 所用格式"命令，在弹出的对话框中选择优化后的文件格式为"JPEG"等选项后，点击"储存"，选择文件存储格式为"HTML 和图像"，以及合适的储存位置后确定，会自动生成切片文件夹 image 和网页文件"西安职业技术学院首页"，如图 8-6-19 所示。打开"image"文件夹，会看到很多个切片文件。

图 8-6-18 切片选项设置　　　　　　图 8-6-19 优化输出结果

步骤7：查看网页文件，检验切片编辑信息。双击网页文件"西安职业技术学院首页"，则可以看到所有切片又被整合成一幅完整的网页了，如图 8-6-20 所示。把鼠标移到导航条"科研信息"位置上单击时，则可以跳转到所链接的网页，如图 8-6-21 所示。

图 8-6-20 打开的首页效果

图 8 - 6 - 21 单击"科研信息"时链接到的网页

四、项目小结

该项目主要学习 Photoshop 中"切片工具"和"图像优化输出"相关知识和技能。任务一是对单幅图片进行切片和优化输出，主要学习切片工具的使用和切片的划分等，并选择"文件→储存为 Web 所用格式"命令，对图片进行优化输出。任务二是对网站首页效果图切片，需要借助参考线对版面进行切片的规划，并选择"基于参考线的切片"按钮进行切片，之后还需对部分切片进行合并或进一步划分，并编辑切片信息等。

参考答案

模块一

一、单选题

1～5 A B A C B

6～10 B B B A A

11～15 D D A B A

二、多选题

1. ABC 2. BD 3. AB 4. DE 5. AC

三、填空题

1. 像素   2. CTRL＋R   3. Alt＋Ctrl＋W

4. PSD   5. 编辑→首选项→考线、网格线与切片

模块二

一、单选题

1～5   C C D B A   6～10 C B D C A

11～15 A A C D C   16～20 C B D B D

21～25 C A D C A

二、多选题

1. BCD   2. ABD 3. ABC   4. AB   5. ABCDE   6. ABCE   7. BD

三、判断题

× × √

四、填空题

1. 任意角度 2. Ctrl＋D Alt＋Del 3. 1 Shift 4. Shift 5. 背景色 图案

6. 角度渐变 对称渐变 菱形渐变 7. Ctrl＋T Shfit＋F5 Crtl＋Shift＋V

8. 锚点 转换节点   9. 3 100 10. Ctrl＋D Ctrl＋Alt＋D

模块三

一、单选题

1～5 B D C C C   6～10 D C A B B

11～15 C D A B C   16～17 D D

二、判断题

1～5 F F F F T

模块四

1～5 D A C B C   6～10 B B B D B

11～15 C A D D C   16～20 A C C C B

模块五

1～5　C　B　A　B　D　　　6～10　C　A　B　A　D

11～15　C　B　A　A　C

模块六

1～5　C　A　A　B　A

6～11　B　A　C　D　B　A

模块七

1～6　B　C　C　B　C　A

7～12　D　D　A　D　B　D

参考文献

[1]张枝军,钟明霞.图形与图像处理技术[M].北京:清华大学出版社,2011.

[2]邹新裕.Photoshop CS6 案例教程[M].上海:上海交通大学出版社,2014.

[3]尤凤英,李明.Photoshop CS6 平面设计实用教程[M].北京:清华大学出版社,2015.

[4]李满,王兆龙.Photoshop 经典案例教程[M].北京:北京交通大学出版社,2010.

全国高职高专"十三五"电子商务专业系列规划教材

(1)电子商务概论　　　　　　　　(16)广告实务

(2)市场营销理论与实训　　　　　(17)网络营销实务

(3)网络营销　　　　　　　　　　(18)电子商务实训

(4)电子商务案例分析　　　　　　(19)移动商务网页设计与制作

(5)网页设计与制作　　　　　　　(20)中小企业网络创业

(6)电子商务英语　　　　　　　　(21)企业信息系统分析与应用

(7)网络数据库　　　　　　　　　(22)网店视觉营销

(8)电子商务法律法规　　　　　　(23)网店运行实践

(9)网络技术与应用　　　　　　　(24)网店推广

(10)供应链管理　　　　　　　　 (25)网店商品图像信息与视觉设计

(11)电子商务支付与结算　　　　 (26)多媒体技术与应用

(12)电子商务网站建设　　　　　 (27)跨境电商

(13)电子商务安全技术　　　　　 (28)Photoshop CS6 电子商务图形图像

(14)电子商务与物流　　　　　　　　　处理实用教程

(15)商务谈判

欢迎各位老师联系投稿！

联系人：李逢国

手机：15029259886　　办公电话：029－82664840

电子邮件：1905020073@qq.com　lifeng198066@126.com

QQ：1905020073（加为好友时请注明"教材编写"等字样）

图书在版编目(CIP)数据

Photoshop CS6 电子商务图形图像处理实用教程/
许霜梅编著. —西安:西安交通大学出版社,2018.6

ISBN 978 - 7 - 5693 - 0670 - 5

Ⅰ.①P… Ⅱ.①许… Ⅲ.①图象处理软件-教材
Ⅳ.①TP391.413

中国版本图书馆 CIP 数据核字(2018)第 125017 号

书　　名	Photoshop CS6 电子商务图形图像处理实用教程	
编　　著	许霜梅	
责任编辑	李逢国	

出版发行　西安交通大学出版社
　　　　　(西安市兴庆南路 10 号　邮政编码 710049)
网　　址　http://www.xjtupress.com
电　　话　(029)82668357　82667874(发行中心)
　　　　　(029)82668315(总编办)
传　　真　(029)82668280
印　　刷　西安明瑞印务有限公司

开　　本　787mm×1092mm　1/16　　印张 22.25　　字数 555 千字
版次印次　2018 年 9 月第 1 版　　2018 年 9 月第 1 次印刷
书　　号　ISBN 978 - 7 - 5693 - 0670 - 5
定　　价　49.80 元